生态文明丛书

Series of Books of Ecological Civilization

生态美学及其伦理基础

王旭烽　任　重　著

北京出版集团
北 京 出 版 社

图书在版编目(CIP)数据

生态美学及其伦理基础 / 王旭烽，任重著. — 北京：北京出版社，2020. 4
(生态文明丛书)
ISBN 978-7-200-14050-7

Ⅰ. ①生… Ⅱ. ①王… ②任… Ⅲ. ①生态学—美学—研究②生态学—伦理学—研究 Ⅳ. ①Q14-05

中国版本图书馆 CIP 数据核字(2018)第 085427 号

生态文明丛书
生态美学及其伦理基础
SHENGTAI MEIXUE JI QI LUNLI JICHU
王旭烽　任重　著

*
北京出版集团
北京出版社　出版
(北京北三环中路 6 号)
邮政编码：100120
网　址：www. bph. com. cn
北京出版集团总发行
新华书店经销
北京虎彩文化传播有限公司印刷
*
787 毫米×1092 毫米　16 开本　12 印张　166 千字
2020 年 4 月第 1 版　2020 年 4 月第 1 次印刷

ISBN 978-7-200-14050-7
定价：89.00 元
如有印装质量问题，由本社负责调换
质量监督电话：010-58572393

总　序

文明是人类在社会发展中创造的物质和精神成果的总和。在漫长的历史长河中，人类不断调整和探索人与人、人与自然的相互关系，表现出不同历史阶段文明的特点。在大约250万年前的原始文明时期，人类的物质生产活动主要靠简单的采集和渔猎，人与人、人与自然之间维持着朴素的、原始的共生关系。到了农业文明阶段，铁器的出现以及栽培技术不断改进，使人类的生产和改变自然的能力产生了质的飞跃，人类对环境的干扰也逐步加剧，但整体上人与自然之间维持着相对平衡的状态。18世纪的英国工业革命开启了人类工业文明时代，人类利用与改造自然的能力空前提升，创造了前所未有的巨大物质财富，同时也对自然环境造成了严重破坏，引发了生物多样性急剧丧失、资源大量消耗、水土流失以及气候变化等一系列环境问题与生态危机，给人类生存与发展带来了巨大的挑战，引发了全世界深刻的反思。从20世纪60年代蕾切尔·卡逊的《寂静的春天》出版到70年代联合国召开人类环境会议发表“人类环境宣言”，从20世纪90年代召开的以《21世纪行动议程》为标志的联合国环境与发展大会到2002年在约翰内斯堡召开的“里约+10”会议，我们可以清楚看到人类探求可持续发展理念与生态文明建设思想的轨迹。

我国历史源远流长，5000年前，伟大的中华民族就已进入了农业文明时代，我国长期的农耕文化所形成的天人合一、相生相克、阴阳五行等哲学思想就包含着深刻的生态思想，勤劳睿智的劳动人民凭借着多样的自然条件创造了辉煌的农业文明。早在明朝万历年间（1573—1620）我国的经济总量就占世界GDP的80%。英国工业革命推动了西方工业化国家的迅速崛起，而我国未能及时实现农业文明向工业文明的"道路转换"。1949年新中国成立初期，中国经济总量仅占世界GDP的5%。改革开放以来，我国快速实现了工业化，取得世界上工业化国家数百年才能实现的成就，并跻身于世界工业化国家之林。不过我们也必须承认，我国工业化快速发展的同时也带来了一系列严重的生态环境问题和挑战，人们开始思考人与自然和谐相处之道。

1995年9月，党的十四届五中全会将可持续发展战略纳入"九五"计划及2010年中长期国民经济和社会发展计划，并明确提出"必须把社会全面发展放在重要战略地位，实现经济与社会相互协调和可持续发展"。进入21世纪后，人们对可持续发展的认识不断提高，在党的十六大报告中把建设生态良好的文明社会列为全面建设小康社会的四大目标之一；党的十六届三中全会在总结以往经验的基础上又提出了包括统筹人与自然和谐发展的科学发展观，使我们对生态文明的认识又上升到一个新的高度。2012年，党的十八大制定了"大力推进生态文明建设"战略，把生态文明建设纳入我国社会主义建设的"五位一体"总体布局，并融入和贯串在经济建设、政治建设、文化建设和社会建设的各方面与全过程，中国人民从此开启了生态文明建设的伟大实践。

生态文明是以人与自然、人与人、人与社会和谐共生、良性循环、全面发展、持续繁荣为基本宗旨的新的社会形态，是人类文明的一种新的高级形式。生态文明遵循的是可持续发展原则，树立人和自然的平等观，把发展与生态保护紧密联系起来，在保护生态环境的前提下发展，在发展的基础上改善生态环境，实现人类与自然的协调发展。因此，生态文明的核心是实现人与自然的和谐发展。它既继承了中华民族的优良传统，又反映了人类文明的发展方向。培育和建设生态文明，并不是人类消极地回归自然，而是积极地与自然实现和谐，最大限度地实现人类自身的利益。

生态文明建设是党对新形势下社会主义市场经济规律和全面建设小康社会奋斗目标在认识上不断深化的结果，与科学发展观、建设和谐社会理念相一致，指导当代中国特色社会主义伟大实践。2015年4月，中共中央、国务院颁布《关于加快推进生态文明建设的意见》，对加快推进我国生态文明建设提出了系统规划和具体要求。9月，审议通过了《生态文明体制改革总体方案》，将生态文明体制改革作为全面深化改革的重要一环，推出了生态文明领域改革的顶层设计，并要求树立“绿水青山就是金山银山”等六大理念，开展生态文明建设实践。而刚刚召开的党的十九大再次强调：“建设生态文明是中华民族永续发展的千年大计。”因此，率先开展生态文明建设是中国人民的伟大创举，必将引领世界文明史的新征程。

为全面贯彻《关于加快推进生态文明建设的意见》指示精神，结合我国具体实际，加强生态文明基础理论研究和生态文化建设，构建系统、完整的生态文明思想、理论和文化体系，北京出版集团组织生态哲学、生态经济学、生态文化学、生态社会学、生态法学、生态文学、生态美学7个领域的著名专家撰写了“生态文明丛书”，能为我国生态文明建设和生态文化繁荣提供重要支撑，是一项具有重要理论价值和实际意义的工作。“生态文明丛书”的出版，必将为我国建设生态文明的伟大事业做出重要的贡献！

中国工程院院士 李文華

2017年11月1日

前　言

我们将以人类对自身认识的极致两端，来开启这部书名为《生态美学及其伦理基础》专著的哲理之门。

16世纪英伦最伟大的诗人、剧作家莎士比亚在其经典名著《哈姆雷特》中，借人物之口，曾对“人类”这一物种如此定位：“……在这一种抑郁的心境之下，仿佛负载万物的大地，这一座美好的框架，只是一个不毛的荒岬；覆盖众生的穹苍，这一顶壮丽的帐幕，这一个点缀着金黄色的火球的庄严的屋宇，只是一大堆污浊的瘴气的集合。人类是一件多么了不得的杰作！多么高贵的理性！多么伟大的力量！多么优美的仪表！多么文雅的举动！在行为上多么像一个天使！在智慧上多么像一个天神！宇宙的精华！万物的灵长！”

整整5个世纪之后的2017年7月，中国大陆一条手机信息凶猛来袭：马云的无人超市正式开放。在此之前的7月1日，上海第一家无人超市落地，24小时营业，没有一个员工；7月2日，深圳实现自动收银，全程再无收银员；而7月7日，马云的无人超市正式落户杭州。没错，一场“消灭收银员、消灭导购员、消灭服务员”的革命，就此浩浩荡荡地开始了。2017年7月将是重要的转折点，无人超市掌控了来访者的信息，将能对自己的店铺、客人产生前所未有的了解。包括客人逛超市最喜欢走哪条路线，哪个货架客流最密集，哪个货架客人停留的时间最长。更恐怖的是，如此快捷高效的无人超市的到来，将让大数据行业继续爆发，8月中旬，一条消息的标题扑面而来：未来已来！“共享茶室”“无人茶室”来了！茶馆应该是什么模样？“共享单车”“共享雨伞”“共享充电宝”“共享睡眠舱”……自“共享”概念爆红以来，终于有人瞄准了茶行业……在杭州有人发起共享茶馆联盟，邀请茶馆经营者成为区域合伙人。利用互联网分配需要位置和茶馆茶座，就近选择共享茶馆，并有免费茶艺人提供沏茶服务，享受人需按时间长短付一定的空间享受费用。南京某共享茶室启动“无人茶室”，茶舍内有各种茶品，你可以任意挑选3样。茶舍安装了智能门锁，提前预约后，掌柜发给顾客一个链接，就可以刷二维码进门啦！

我们无法估量，高科技还将消灭多少由人类社会组成的“员”！我们也无从知晓，那些被消灭的“员”们接下来到哪里生存。从“宇宙的精华、万物的灵长”到“消灭收银员、消灭导购员、消灭服务员”，历史的进程不过500年。工业革命已经挖过巨坑，在历史的进步中活埋过巨多“人类之员”，现在已进入大数据时代，难道人类真的又将开始热火朝天地替自己挖坑吗？而这一次人类将会如何地奇幻飞驰，又将遭受怎样的毁灭性打击呢？人类会在这一轮文明进程中适得其反吗？甚至，人类会在这种一意孤行的疾旋中彻底消亡吗？

人们必须正视并回答这些问题，因为这决定了人类这一物种的生存还是毁灭。同时，这又是一个极其繁复的倒推理过程，因为人是境遇中的人，与自然有关，与万物有关，与他者有关，与自我有关，人类生存境遇毫无疑问地与生存场所水乳交融，对地球乃至宇宙的生态状况认识就此摆在人类面前。不清晰这些人类周遭的状况，问题将永远无解，但所有的一切最终都会归结到哲学的初问——我是谁？我从哪里来？我要到哪里去？

所谓差之毫厘，谬以千里，准确地梳理、总结、定义和呈现人类对生态世界的认识，既有理论意义也有实践意义，甚至可说是到了刻不容缓之际，这也正是我们回到本原，撰写这部《生态美学及其伦理基础》专著的初衷。

数万年以来人类物种的进化，人类历史的进步，及至整体进入衣食基本得以保障的阶段，人类对自然界的影响能力似乎也已经强大到可与自然界本身的威力相抗衡的程度。而恰是这种成就，严重助长了人们对待环境、对待大自然的虚无态度，由这种态度及其支配下的决策与行为，生态与人类生存发展之间的矛盾日益尖锐化，不可避免地导致了以人口、环境、资源、能源、食物、城市化状况等为标志的生态灾难和环境危机。在人类困境的不祥发端时，已有思想的先行者率先秉烛探微，1866年德国生物学家恩施特·海克尔首次提出生态学概念：所谓“生态”，就是自然有机生命体与周围世界的关系，因此“生态学”（ecology）被定义为“研究植物与动物之间以及它们与生存环境之间相互依赖关系的科学”。由此可知，就学科属性而言，生态学就是研究生态的科学。

与人类社会迄今为止所取得的巨大成就相似，灾难、危机和困境也是巨大的，它们的到来震撼着世界，人类从20世纪60年代开始，便经历了一次突然的、动乱的觉醒。20世纪60年代，美国女海洋生物学家蕾切尔·卡逊（Rachel Carson）在《寂静的春天》（*Silent Spring*）一书中指出，由于人类不合理的活动，必然导致生态危机，由此拉开了西方社会保护环境运动的序幕。20世纪70年代西方最重要的社会运动正是生态学运动，在那一场壮阔、激烈的大论战中，以人为主体，以生态系统为重心，以参与解决全球问题和人类困境为己任，探索人与环境的关系及其相互作用规律的人类生态学，以非同昔比的崭新姿态，作为一门活跃的前沿学科和一种烛照人类文明前景的生态文化，逐渐崛起于当代世界。

1972年，美国麻省理工学院以麦都斯为首的研究组就罗马俱乐部委托的专题，发表了一份叫作《增长的极限》的研究报告。同年，联合国召开的斯德哥尔摩会议发表了“人类环境宣言”，自此确认了全球问题和人类困境的存在。

迄今为止，“生态学”这一概念的提出已过去一个多世纪。一个多世纪以来社会和自然生态环境均发生了一系列巨大的变化，坦率地说，人类关于生态文明的论著，可谓汗牛充栋了，但较之于生态环境恶劣的难以逆转，总体形势并不容乐观。各国有识之士终于开始认识到，人类的这种如一团乱麻难以梳理的巨大困境，正是人类工业文明语境下的技术至上主义和对待环境的“唯意志论”的错误造成的。尚能给人一条头绪的是，人们发现长期被人们忽视、冷落的包括人类生态学在内的生态文化，恰恰是正确解决这一系列重大问题、有助于人类走出困境的基础理论和不可或缺的文化，这应该是现代生态美学的最早渊源。

生态美学，顾名思义就是生态学和美学的结合，其中生态学是一门研究生物（包括人类）与其生存环境相互关系的自然科学学科，而美学则是一门研究人与现实审美关系的哲学学科。这两门学科在研究人与自然、人与环境相互关系的问题上却找到了特殊的结合点，而恰好生态美学就生长在这个结合点上。

可以这样理解，一切人文领域其实都是一种生态美学的表达。主体与环境的相互关系这一生态观念，本质上是一种思维方式，是一个具有永恒意义的哲学命题和文化命题，也是一种文化价值观。它将一切事物、问题都放到它们与环境之间的作用与反作用的关系中去把握、理解和对待。例如，我们前文提到的无人超市、无人茶室的实践，如果我们以主体与环境关系的思维方式去认识，那么我们势必将考虑如果这样一种营销模式上的“无人”人际关系被重新组合，那么一种相应和谐的新的生态模式如何同时建立起来，以此不间断和谐平衡的人类生活方式，而不会一味停留在“无人”的狂欢上。由此推断，生态美学的提出与当前全球化背景下生态环境恶化是密切相关的，是人类对自然、社会和人自身的认识在审美思维中的一种反映，是美学研究者对现代化进程中出现的种种灾难和危机的一种反思，是关于人类如何实现“诗意栖居”这一人类共同理想的一种更深层次的认识——在物质生产获得极大丰富之后向着精神层面进发，这或许是人类实现自我拯救的唯一可行途径。

如果说所有的危机都是文化危机（马克思），那么当前所面临的生态大环境问题从根本上来说，正是现代社会人类精神危机的一种反映。人们在一百多年来的生态毁灭与挣扎中，已经深刻地认识到：与自然界有限的资源相比较，人类的获得欲望是无限的，在人口压力急剧加大的情况下，人类有必要反思“增长”的意义，有必要反思物质与精神的关系。诚如美国学者大卫·雷·格里芬在《后现代精神》中所说：这种统治、征服、控制、支配自然的欲望是现代精神的中心特征之一。当今世界，自然环境不断恶化，生态问题日趋严重，这难道仅仅是环境本身的问题吗？难道不正是与现代社会中人们二元对立的思维模式密切相关吗？

当前国内外学者从各个角度对现代性问题进行反思，美学也成为人类这一自省运动的组成部分。可以说，对当前环境问题的关注，对人类思维方式与价值观念进行反思，这是国内学者开展生态美学研究的一个理论起点。而把生态思想引入美学研究，以生态价值观来反思人类传统的美学观念，重新探讨人与自然、人与社会以及人与自身的多重审美关系，将大大拓展美学研究的视野，为美学思想的进一步发展提供新的思路。

哲学和艺术，包括生态美学，都是植根于经济社会发展并以此为基础的。中国生态环境恶化等一系列严重社会问题，是从20世纪80年代以后开始日趋严重的，我国学者对生态美学的相关研究则开始于20世纪90年代。较早的生态美学研究专著以生态美的范畴为核心，以人的生活方式和生存环境的生态审美创造为目标，在生态审美观的形成、生态美的意义和作用等方面做出理论探讨，认为生态美所体现的是人与自然的生命关联和审美共感，并以此建构起生态美学的理论框架。曾繁仁可以说是较早“醒来”的中国学者之一，他率先明确提出“生态存在论”美学观，将“生态”与“存在”相结合看待并自觉地引入美学领域，最后落脚到改善人类当下的非美状态，建立起一种符合生态规律的审美的存在状态。他从建设性后现代主义理论出发，认为生态美学产生于后现代的经济与文化背景下，是对现代化弊端和人类生存状况的反思，标志着人类对世界的认识由人类中心主义向人与自然系统统一观念的转变。而朱立元则从当前国内外的生态状况出发，明确肯定生态美学研究的必要性。在朱立元的观点中，生态系统的概念已经十分完备，人是整个生态系统中的一员，把生态问题与美学、文艺学联系起来加以思考是必要的，这种观点已经非常接近于生态伦理学的一些主流观点了。袁鼎生则从美学观念演进的角度，考察审美范式的变迁。他在审美生态学中提出“审美场”概念和审美生态学思想。他吸收物理学中场的观念，认为审美场是由审美活动、审美氛围、审美风范等一系列因素构成的审美结构，是一种新的美学人文精神、科学精神、宇宙精神的高扬，审美生态学促成审美人生，造就审美生态场，规范审美主客体协同发展，汇入人与自然协和并进的滚滚大潮，使整个大自然达到更高程度的有序化，以实现人与自然更高的整体目的。王德胜认为，在生态问题上，美学要确立生命存在与发展的整体意识，确立人与世界关系的审美把握。他提出“亲和”概念，并将其作为审美生态观的核心。在他看来，要构建起这种审美生态观，人首先必须培养自己对于自然、社会以及人自身外部存在形式的亲和力，养成一种对于生命整体的直觉与敏感。

生态学观念逐渐渗透到其他学科、与其他学科交融并产生了广泛而深刻的社会影响。在我国，随着社会风貌的变革，文艺创作和文学作品中的生态色彩和美学意蕴已经引起国内学者的关注，如20世纪80年代中期张承志、乌热尔图、邓刚和韩少功等人的作品中体现出的生态学意识和独特美学情致。这是新时期以来最值得注意的文学现象之一。这些作家无一例外地把目光投向了大自然，他们把伦理关怀在文学上从人类拓展到了整个大自然，不论是草原还是大海，不论是骏马还是鱼虾，这些都是大自然的宝贵馈赠，也是大自然的重要成员，在伦理层面上，它们拥有和人类同等的生存权利。

同时，国内学者还注意到文学艺术与精神生态之间的联系。在叶舒宪主编的《文学与治疗》中，李亦园、叶舒宪、鲁枢元、莫雷尔等国内外著名学者从人类学、宗教、精神分析、医学和文学活动等各个角度，考察了文学艺术与精神治疗之间的密切关系。叶舒宪认为，文学能够满足人类符号（语言）游戏、幻想补偿、排解释放压抑和紧张、自我确证以及自我陶醉等5方面的精神需要。鲁枢元在《艺术与EUPSYCHIAN》一文中指出，文学艺术应当成为一种独立自主、自得其乐、自我完善的人生态度，应当成为一种生存境界，一种流连忘返、沉迷陶醉的高峰体验。艺术在其本质上，是人们的自我救治、自我保健。“文学治疗”这一命题的提出，不仅有助于全面认识文学的本质和功能，而且也为生态美学和生态批评的进一步发展提供了理论支撑和实践范例。

诚如法国学者J-M. 费里所说，未来环境整体化不能靠应用科学或政治知识来实现，而只能靠应用美学知识来实现，我们周围的环境可能有一天会由于美学革命而发生天翻地覆的变化，生态学以及与之有关的一切，预示着一种受美学理论支配的现代化新浪潮的出现。这也就是说，当人类社会物质生产达到一定高度时，也是重新整合人与环境关系的机会，这时促进了物质生产的技术将退居次席，以美学为代表的人文知识将获得无比尊崇的地位。由此可见，未来社会必将是更多文艺的社会。

我们已经看到前文阐述的生态观念和生态美学思想正在历史进程中得以具体运用，多年来生态美学不仅在研究思路拓展、理论体系建构和审美思想运用上取得明显进展，而且在维护精神生态平衡、改善人类生存状况等方面也显示出巨大智慧和发展潜力。例如，以生态文化思想为指导的艺术教育便是人类可以选择的重要方式。在《艺术与创生　生态式艺术教育概论》中，滕守尧提出了“生态式艺术教育”的命题。就是要通过美学、艺术史、艺术批评、艺术创造等多种不同学科之间的生态组合，通过经典作品与学生之间、作品体现的生活与学生日常生活之间、教师与学生之间、学生与学生之间、学校与社会之间等多方面和多层次的互生与互补关系，提高学生的艺术感觉和创造能力。从而改变各种知识之间生态失衡的状态，实现各专业、各学科、各类知识之间生态谐和的教育。其目标是要培养适合社会需要的全面发展的人、文化人、贯通而洞识的人、通达而识整体的人和经常获得芝麻开门式智慧的人。

进入 21 世纪，随着工业文明的弊端越来越凸现，人们对生态美学的研究越深，提出的问题也就越多。例如，生态美学与中国传统美学的关系，国内外生态美学研究的前沿进展；人类中心主义的发微；生态美学研究的困境与边界；生态美学的理论前提和研究对象，环境美学与生态美学的联系与区别，生态美学的基本规律，生态美学的中国话语，生态美学与生态文化；等等。

总之，从人类以自我为万物中心，到人把自身置于万物之中，视自然的生态系统为一整体，将人与人之间的和谐，人与自然之间的和谐，以及人与自我之间的和谐视为一个整体，三者不但各自自身和谐，相互之间也将融为一体，形成大和谐，并把生态系统的整体利益作为人类生存的最基本目标、最合理诉求，其间经过了痛苦的历史进程，残酷的生存教训。如今，生态整体主义思想已经成为全球有识之士的共识，但如何将此共识传播于人类，植入人类精神世界，使其成为基因般的存在，依然是我们需要面对的严峻现实。

目　录

第一章　生态美学研究综述

我们还是需要从“生态学”的基本内涵开始。“生态学”（ecology）这个概念，最早是德国生物学家恩施特·海克尔于1866年提出的。恩施特·海克尔认为，所谓“生态”，就是自然有机生命体与周围世界的关系，因此“生态学”被定义为“研究植物与动物之间以及它们与生存环境之间相互依赖关系的科学”。因此，就学科属性而言，生态学实际上是研究生态的科学。

就语源来说，ecology来自两个希腊文词根oikos和logos。oikos是房子、居所、生存地、家园的意思，而logos则是科学、研究的意思。值得玩味的是，“oikos”亦指“家务”。经济学亦来源于这个词，然而，经济学是研究人类的“家政”，生态学则致力于研究自然界的“家政”。可以理解，在当时工业化突飞猛进的年代里，生态学是研究如何最大化利用自然资源服务于人、使人们生活得更富足的一种新人本主义“经济”学。

科学技术的日新月异是从第二次世界大战之后拉开序幕的。科学技术的进步大大拓展了人类开发利用自然的范围，从而使得人类以前所未有的规模和力度、强度推进了生产的加速发展，也极大地改善了人类的生存条件。人类社会从未像今天这样从容地生活过，虽然全世界范围内依然有缺衣少食的现象，但是毋庸置疑的是，人类整体上已经可以无忧无虑地生活了。这是一个巨大的飞跃。人类对自然界的影响能力似乎已经强大到可与自然界本身的威力相抗衡的程度。正是这种成就严重助长了人们对待环境、对待大自然的虚无态度。这种态度及其支配下的决策与行为不可避免地导致了以人口、环境、资源、能源、食物、城市化状况等，同人类生存发展之间的矛盾日益尖锐激化为标志的包括生态灾难和环境危机在内的人类困境。与人类社会迄今为止所取得的巨大成就相类似，这种灾难、危机和困境也是巨大的，几乎是卷地而来，震撼了全世界，使人类从20世纪60年代和70年代初开始便经历了一次突然的、动乱的觉醒。各国有识之士终于开始认识到这种困境正是人类工业文明语境下的技术至上主义和对待环境的“唯意志论”的错误造成的；而长期被人们忽视、冷落的包括人类生态学在内的生态文化恰恰是有效地解决这一系列重大问题、有助于人类走出困境的基础理论和不可或缺的文化。换言之，这应该是现代生态美学的最早渊源。

1962年，美国学者、海洋生物学家卡逊的名著《寂静的春天》在波士顿出版。书中披露了美国广泛使用有机氯杀虫剂（滴滴涕）而造成污染的严峻现实，真实地描述了有毒污染物的流动与转移过程，揭示了人类同各种生态系统、同整个生物圈、同各种动植物之间的生死与共的密切关系。她指出，由于人的错误行为使本来生机勃勃的春天陷于一片“寂静”之中，既损害了作为一个生态系统整体内的其他生命形式，也严重地损害了人类自己。她强烈抨击某些披着现代化外衣的、貌似现代实际上非常“陈旧”的观念和做法。这本著作的问世轰动了美国，引发了激烈的争论。当时卡逊受到了许多10年以后在人类环境会议上也一致赞同她的观点的学者的围攻。她曾应邀到美国参议院贸委会出席做证，其见解赢得了肯尼迪总统的支持，《寂静的春天》被译成多种文字在世界各国出版发行，可以说，它的出版问世拉开了“生态学时代”的序幕。

1968年，意大利经济和工程顾问公司经理、菲亚特汽车公司总经理奥雷里欧·佩切伊博士在罗马林赛科学院主持召开了有意大利、联邦德国、美国、日本等10多个国家的30位学者、专家和企业家出席的国际学术会议，讨论与生态形势密切相关的各种全球性问题，并提出人类在当代面临的困境以及未来的前途、命运问题。这是有史以来将人类生态危机作为议题的第一次国际性会议。在这次会议的基础上，经佩切伊和西方经济合作与发展组织科学事务部主任亚历山大·金的共同努力，逐步确立起全球问题和人类困境的理论框架，并成立了一个以研究这一重大命题为己任的、非官方的国际学术团体——罗马俱乐部。这个团体后来不断发展壮大，到20世纪80年代已经拥有40多个国家的100多位成员，在论战中发表了一系列反映现实生态环境的研究报告，在世界上产生了广泛的影响。

1972年，美国麻省理工学院以麦都斯为首的研究组就罗马俱乐部委托的专题，发表了一份叫作《增长的极限》的研究报告。这一报告的问世产生了爆炸性的影响，掀起了一场持续至今的关于人类命运与前途问题的国际大论战（乐观派、悲观派以及现实派相互间的论战），并且触发了20世纪70年代西方最重要的社会运动——生态学运动。同年，联合国召开的斯德哥尔摩会议发表了"人类环境宣言"，自此确认了全球问题和人类困境的存在。从这时起，由罗马俱乐部所触发的生态学运动和国际大论战就不再仅仅是一种纯民间的运动了。应该说也正是这一次运动和这一场大论战促进了生态科学的传播与普及，使越来越多的人逐渐认识到生态形势关系着人类的命运、前途和未来世界的面貌，唤起了人们的生态觉悟，为作为一种崭新的文化的人类生态学的崛起创造了社会环境。

迄今为止，"生态学"这一概念的提出已过去一个多世纪。一个多世纪以来社会和自然生态环境均发生了一系列巨大的变化，总体形势并不能让人们乐观。就在20世纪70年代那一场壮阔、激烈的大论战中，以人为主体，以生态系统为重心，以参与解决全球问题和人类困境为己任，致力于探索人与环境的关系及其相互作用规律的人类生态学，以今非昔比的崭新姿态，作为一门活跃的前沿学科和一种烛照人类文明前景的生态文化逐渐崛起于当代世界了。它的崛起并非取决于任何个人或团体的主观意愿，而是人类社会发展到现时代的必然，是现代人强烈渴望摆脱困境、从而健全地生存发展下去的必然。

关系是实在的，关系先于关系者，关系者和关系可随透视方式而相互转化。[1] 在人与环境的生态关系中，人永远都是主体。离开了人这个主体，

---

① 罗嘉昌：《从物质实在到关系实在》，中国人民大学出版社2012年版。

其他一切都无所谓美与丑。而人具有自然和社会的双重属性，与这个主体相对应的环境也具有自然和社会的双重意义。应该说，围绕“人—环境”这个主题做任何有成效的研究，都必然是在自然科学和社会科学交相汇融的基础上展开的。“主体与环境的相互关系”这一生态观念本质上是一种思维方式，是一个具有永恒意义的哲学命题和文化命题，也是一种文化价值观。它将一切事物、问题都放到它们与环境之间的作用与反作用的关系中去把握、理解和对待。这种思维方式的普遍意义必将逐渐被越来越多的人所感知、所认识，并且深深汇入人文领域的各个角落，从一种文化价值观的立场出发，我们甚至可以说，一切人文领域都是一种生态美学的表达。

在学术界的共同努力下，生态美学不仅在研究思路拓展、理论体系建构和审美思想运用上取得明显进展，而且在维护精神生态平衡、改善人类生存状况等方面也显示出巨大智慧和发展潜力。同其他相关学科一样，生态美学的提出与当前全球化背景下生态环境恶化密切相关。它是人类对自然、社会和人自身的认识在审美思维中的一种反映，是美学研究者对现代化进程中出现的种种灾难和危机的一种反思。最后，它也是关于人类如何实现“诗意栖居”的一种反思。“诗意栖居”是海德格尔在《追忆》一文中提出的，是其对诗与诗人之本源的发问与回答，亦即回答了长期以来普遍存在的问题：人是谁以及人将自己安居于何方？艺术何为？诗人何为？等等。“诗意栖居”虽然源自西方，却是人类共同的理想，在物质生产获得极大丰富之后向着精神层面进发，这或许是人类实现自我拯救的唯一可行途径。与自然界有限的资源相比较，人类的获得欲望是无限的，在人口压力急剧加大的情况下，当代人类有必要反思“增长”的意义，有必要反思物质与精神的关系。人们认识到，自然环境不断恶化，生态问题日趋严重，这不仅是环境本身的问题，而且与人类的现代观念，与现代社会中人们二元对立的思维模式密切相关。美国学者大卫·雷·格里芬说，这种统治、征服、控制、支配自然的欲望是现代精神的中心特征之一。当前国内外学者正在从各个角度对现代性问题进行反思，美学也将成为人类这一自省运动的组成部分。对当前环境问题的关注，对人类思维方式与价值观念进行反思，这是国内学者开展生态美学研究的一个理论起点。

生态美学这一概念的提出，也是国内美学界为解决当前一系列棘手的学术问题、摆脱美学研究困境所进行的一次积极尝试，是对既往的审美观念进行的全面审视。从审美的视角来看待反映了现实生活的文学艺术，越来越绕不开生态理念。在很大程度上，生态理念是美学的灵魂，学术界目前正朝着正确的方向努力。因此不可否认，我国当代美学研究取得了很大进展。但是，无论是实践本体论美学还是生命本体论美学，都存在着明显的不足，美学研究中的形式化、技术化倾向日益明显，可以说有的是西式基因，基于“舶来品”并粗糙地模仿的“学步”痕迹十分明显，越来越缺少诗性魅力和人文蕴含，美学学科同样面临着生态问题。因此，一种新的美学观念即生态美学的出现就成为当代美学获得进一步发展的契机，也成为重建人与自然新型审美关系的开端。学界普遍认为，生态的理念能为美学启示出一种重要的新思维，使美学成为一种新的、生态性的、虎虎有生气的、活的美学，同时带给美学一种“源头活水滚滚来”的活思维的生动势态，一种新的具有生态性活思维的生态美学的诞生，对于21世纪的美学发展来说具有特别重大的意义，一定能成为21世纪伊始美学研究中的一个新的生长点。把生态思想引入美学研究，以生态价值观来反思人类传统的美学观念，重新探讨人与自然、人与社会以及人与自身多重审美关系，将大大拓展美学研究的视野，为美学思想的进一步发展提供新的思路。

在党的十九大报告中，“人民美好生活”是一个高频短语，先后在全文中出现过14次，足以见其重要性、现实性与紧迫性，从生态美学和伦理学的角度来看，它一头连着民生，一头连着党的使命、宗旨、目标与愿景，既具有全局性、战略性与前瞻性，又融入百姓生活，关涉大众的冷暖苦乐，它承接地气、灌注生气、富有底气、带着热气，承载着饱满的情感与丰富的价值内涵，表现出强烈的说服力、凝聚力、感染力与亲和力，构成报告的一个重要亮点，直抵人们内心，温暖你我，感动世界。

众所周知，中国特色社会主义事业归根到底是人民群众自己的事业，是人民共建共享共同发展的伟大事业，是依靠人民、为了人民的事业。人民是中国特色社会主义事业的主体，为人民谋幸福是由我们党的性质宗旨所决定的。坚持人民主体地位，就必须牢牢把握人民对美好生活的向往。人民对美好生活的向往，符合广大人民群众的根本利益与愿望，体现人民群众的根本价值诉求，构成社会各阶级各阶层各群体的最大公约数与价值共识。因此，把人民对美好生活的向往作为党的奋斗目标，就获得了广泛而深厚的群众基础和最大的社会共识，极易产生情感认同与价值共振，并熔铸出鲜活有力的中国精神，使各民族结成更加紧密的民族共同体，铸牢中华民族共同体意识，产生强大的社会凝聚力，凝聚起无比磅礴的中国力量，画出更大更美的同心圆。

十九大报告用“人民美好生活”这样一个大众化、平民化、生活化的直白话语传播党的新思想、新战略、新目标、新愿景、新蓝图等宏大主题，无疑拉近了党和人民之间的心理距离。生态美学历来和时代紧密相连，今天，在我们所处的伟大时代更要坚持以人民为中心的研究导向，这对学术界提出了更高的要求。党的十九大报告指出，倡导讲品位、讲格调、讲责任，抵制低俗、庸俗、媚俗。这也是生态美学和伦理学的伟大使命。

一、生态美学的基本观念

我国学者对生态美学的相关研究始于20世纪90年代。其时正值改革开放初期，我国的现代化大潮方兴未艾，由东到西、由南而北，全国各地出现了工厂拔地而起，烟囱林立，大兴土木的火热场景，山川大地的面貌正在以空前的速度和规模被改变。无论现在人们面对自然环境的困境所发出的慨叹有多么矛盾，也无论人们是否愿意把这样的变化看作是我们发展过程中所必须经过的步骤，人们都倾向于认同这是生态美学的新机遇。毫无疑问，这几乎是一场突如其来的重大变革，人们积极参与其中并从中获益，尚未对这场变革所可能带来的重大环境问题有所察觉。即使空气中充满了前所未见的浓烟、河流中掺入了前所未见的污水，人们也并未在意，或者并未觉得这是一个多么严重的问题。与此同时，学术界也在感受着这些从环境开始的变化，并从国际的经验当中获得了某种启示。于是从思想到理论都逐渐有所表达，并且在不断深入、拓展着。在国内诸多学者的推动下，生态美学研究出现了空前活跃的局面。

较早的生态美学研究专著以生态美的范畴为核心，以人的生活方式和生存环境的生态审美创造为目标，在生态审美观的形成、生态美的意义和作用等方面做出理论探讨，并以此建构起生态美学的理论框架。认为生态美所体现的是人与自然的生命关联和审美共感。这种生命关联是基于人对自然的依存关系，人的生命活动正是在这种自然生命之网的普遍联系中展开的，建立在各种生命之间、生命与生态环境之间相互依存、共同进化的基础上的。由此，也使人感受到这种生命的和谐共生的必然性并唤起人与自然的生命之间的共鸣。同时还把生态美学的原理运用于生活环境的审美塑造、生活方式的审美追求以及当下的生态文明建设中，为克服生态异化、摆脱生态困境指明了方向。曾繁仁率先明确提出“生态存在论”美学观。将“生态”与“存在”相结合看待并自觉地引入美学领域，曾繁仁可以说是较早“醒来”的中国学者之一。在其相关论述和一系列文章中，他全面论述了“生态存在论”美学思想，内容涉及生态美学的界定、生态美学的内涵、生态美学研究的意义以及生态美学与哲学、伦理学，生态美学与当代科技等一系列问题。在他看来，生态美学是在后现代语境下，以崭新的生态世界观为指导，以探索人与自然的审美关系为出发点，涉及人与社会、人与宇宙以及人与自身等多重审美关系，最后落脚到改善人类当下的非美状态，建立起一种符合生态规律的审美的存在状态。

曾繁仁从建设性后现代主义理论出发，认为生态美学产生于后现代的经济与文化背景下，是对现代化弊端和人类生存状况的反思。他认为，生态美学最重要的理论基础是存在论美学，这是由工业革命时代主客二分的认识本体论世界观到生态文明时代的“此在与世界”机缘性关系的存在论世界观的重要转型，人与自然生态的关系才从工业革命时代的二元对立到生态文明时代的须臾难离，生态美学与生态哲学从而得以成立。生态美学研究不仅显示出20世纪哲学领域进一步由机械论向存在论的演进，而且标志着人类对世界的认识由人类中心主义向人与自然系统统一观念的转变。生态美学研究不仅实现了由实践美学向以实践为基础的存在论美学的转移，而且有力地推动了美学资源由西方话语中心到东西方平等对话的转变。把生态美学建立在存在论基础上，吸收生态哲学以及以往美学研究的合理因素，致力于改善人类日益恶化的生存境遇。这就为生态美学的进一步发展奠定了深厚的理论基础，对于培育生态观念，改善人类生存状况，推动生态文明建设都具有重要的指导意义。①

继而，朱立元从当前国内外的生态状况出发，明确肯定生态美学研究的必要性。在朱立元那里，生态系统的概念已经十分完备，人是整个生态系统中的一员，这种观点已经非常接近于生态伦理学的一些主流观点了。他认为把生态问题与美学、文艺学联系起来加以思考是必要的，绝对是一种崭新的思路，生态美学和生态文艺学研究应当对解决我国和人类的生态问题，推进可持续发展尽可能做出自己独特的、不可替代的贡献。在具体研究思路上，朱立元主张生态美学的研究视野应该扩大，应该把文学艺术放在整个生态系统中加以阐释，生态文艺学和美学研究的重点应是作为人的自由自觉生命活动的文艺活动外在条件和内在规律，而不是文艺作品描写的有关生态方面的内容。据此，他认为生态文艺学和美学应当重点研究文艺创造和欣赏活动（作为精神活动）中的精神生态（外部环境和内部机制）如何协调和平衡的问题。

袁鼎生则从美学观念演进的角度，考察审美范式的变迁。他在审美生态学中提出“审美场”概念和审美生态学思想。他认为，审美场是由审美活动、审美氛围、审美风范等一系列因素构成的审美结构。在他看来，审美场的生发是审美生态整体运动的起点和关键，影响和决定着审美生态学的建构。审美生态学不仅是美学体系的更替，而且是美学潮流的变换，更是一种新的美学人文精神、科学精神、宇宙精神的高扬，审美生态学促成

① 曾繁仁：《生态美学基本问题研究》，人民出版社2015年版。

审美人生，造就审美生态场，规范审美主客体协同发展，汇入人与自然协和并进的滚滚大潮，使整个大自然达到更高程度的有序化，以实现人与自然更高的整体目的。吸收物理学中场的观念，并与生态理念相结合，再把生态思想与美学范式的演变相结合，显示出生态美学研究开放的姿态以及向纵深拓展的趋势。

此外，王德胜认为，在生态问题上，美学要确立生命存在与发展的整体意识，确立人与世界关系的审美把握。他提出“亲和”概念，并将其作为审美生态观的核心。在他看来，要构建起这种审美生态观，人首先必须培养自己对于自然、社会以及人自身外部存在形式的亲和力，养成一种对于生命整体的直觉与敏感。至此，中国美学界从“系统”“场”“整体”等视角进入到生态学领域，深谙生态学的精髓，并且在此基础之上提出了美学的“生态性”，这是我国生态美学领域极为重要的进展，说明了美学研究率先进入了较早的“生态文化”阵营，对生态美学的健康发展意义重大。

二、生态观念和生态美学思想的具体运用

哲学和艺术，包括生态美学，都是植根于经济社会发展并以此为基础。追本溯源，可以发现中国生态环境恶化等一系列严重社会问题是从20世纪80年代以后开始日趋严重的，生态学观念逐渐渗透到其他学科，与其他学科交融并产生出广泛而深刻的社会影响。正如法国学者J－M. 费里所说，未来环境整体化不能靠应用科学或政治知识来实现，而只能靠应用美学知识来实现，我们周围的环境可能有一天会由于美学革命而发生天翻地覆的变化，生态学以及与之有关的一切，预示着一种受美学理论支配的现代化新浪潮的出现。换言之，当人类社会物质生产达到一定高度时，也是重新整合人与环境关系的机会，这时促进了物质生产的技术将退居次席，以美学为代表的人文知识将获得无比尊崇的地位。未来社会必将是更多文艺的社会。在我国，随着社会风貌的变革，文艺创作和文学作品中的生态色彩和美学意蕴已经引起国内学者的关注，如20世纪80年代中期张承

志、乌热尔图、邓刚和韩少功等人的作品中体现出的生态学意识和独特美学情致。这是新时期以来最值得注意的文学现象之一。这些作家无一例外地把目光投向了大自然，他们把伦理关怀在文学上从人类拓展到了整个大自然，不论是草原还是大海，不论是骏马还是鱼虾，这些都是大自然的宝贵馈赠，也是大自然的重要成员，在伦理层面上，它们拥有和人类同等的生存权利。

同时，国内学者还注意到文学艺术与精神生态之间的联系。在叶舒宪主编的《文学与治疗》中，李亦园、叶舒宪、鲁枢元、莫雷尔等国内外著名学者从人类学、宗教、精神分析、医学和文学活动等各个角度，考察了文学艺术与精神治疗之间的密切关系。叶舒宪认为，文学能够满足人类符号（语言）游戏、幻想补偿、排解释放压抑和紧张、自我确证以及自我陶醉等5方面的精神需要。鲁枢元的《艺术与EUPSYCHIAN》指出，文学艺术应当成为一种独立自主、自得其乐、自我完善的人生态度，应当成为一种生存境界，一种流连忘返、沉迷陶醉的高峰体验。在本质上，艺术是人们的自我救治、自我保健。“文学治疗”这一命题的提出，不仅有助于全面认识文学的本质和功能，而且也为生态美学和生态批评的进一步发展提供了理论支撑和实践范例。

如果说所有的危机都是文化危机（马克思），那么当前所面临的生态大环境问题从根本上来说，无非是现代社会人类精神危机的一种反映。实践靠理论，行动靠精神（文化），有什么样的精神观念，就会有什么样的行为方式。因此，要想摆脱人与自然之间的危机，工业文明所遵循的资本主义文化在面对生态窘境时完全是无能为力的，事实上工业文明与资本主义本来就是左右手的关系，不可能用左手来消灭右手，因而必须探寻一种与自然和解、与自然为友的非人类中心主义文化。其中，以生态文化思想为指导的艺术教育也许是人类可以选择的重要方式。在《艺术与创生　生态式艺术教育概论》中，滕守尧提出了“生态式艺术教育”的命题。艺术能够净化心灵，可以使人的精神更加纯洁和高尚，但是并非所有被称为艺术的东西都能起到这种作用。对艺术的创造、接受和欣赏，是一种高级的文化素质，而获取这种素质的重要途径，就是接受符合生态文化价值观的健康的艺术教育，即“生态式”教育。生态式艺术教育，一是要通过美学、艺术史、艺术批评、艺术创造等多种不同学科之间的生态组合，通过经典作品与学生之间、作品体现的生活与学生日常生活之间、教师与学生之间、学生与学生之间、学校与社会之间等多方面和多层次的互生与互补关系，提高学生的艺术感觉和创造能力；二是要切实在艺术教育的全过程融入生态理念，用生态学的方法思考、研究问题，从而改变各种知识之间生态失衡的状态，实现各专业、各学科、各类知识之间的高度“协同”与生态和谐的教育。从而培养适合社会需要的全面发展的人、具有生态文化常识的人、贯通而洞识的人、充满生态智慧的人。生态式艺术教育在艺术课程的设置、艺术教育的方式及措施、艺术欣赏与批评能力的培养、艺术教育活动的评价等方面都提出了独到的见解和切实可行的操作方法。生态式艺术教育因为融入了生态的理念而很大程度上克服了以往教育模式的缺陷与不足，明确地指出艺术在人类生活中的重要地位，是学者在现代生态观念的指导下为摆脱生存危机而进行的积极探索。

第二章　生态美学与中国传统美学的关系

生态美学可称为在当代生态观念的启迪下新兴的一门跨学科的美学应用学科，是生态文化的重要组成部分。它以“生态美”范畴的确立为核心，以人的生活方式和生存环境的生态审美创造为目标，弘扬我国“天人合一”的自然本体意识，把我国传统美学以人的生命体验为核心的审美观与近代西方以人的对象化和审美形象观照为核心的审美观有机地结合起来，更重要的是融入了生态文化思想和生态文明理念，形成“生态美”的范畴，由此克服美学体系中的“主客二分”的思维模式，肯定主体与环境客体不可分割的联系，追求“主客同一”的理想境界，从而使审美价值既成为人作为一个普通生命过程和状态的表征，又成为人的活动对象（自然界）和精神境界的体现。生态美学的产生和发展，不仅赋予美学理论以新的思路和内涵，而且对于解决生态问题、改善生态环境和促进生态美学发展具有很强的实践性功能。①

总体上，生态美是人与自然关系和谐的产物，没有人与自然关系的和谐，一切都会显得苍白无力。所以说生态美是以人的生态过程和生态系统作为审美观照的对象。生态美体现了主体的参与性和主体与自然环境的依存关系，它是由人与自然的有机联系而引申出的一种内在和谐的美。根据现代生态学的研究可知，自然界是有机联系的整体，人类不是大自然的主

① 徐恒醇：《生态美学》，陕西人民教育出版社2000年版。

宰，人的生存离不开大自然，是在依附大自然的基础上存在和发展的。人类与整个自然界具有不可分割的联系，人的生命与整个生物圈的生命是有机联系的，只有在人类与自然界的共生共荣中才有人的生存和发展的前景。人与自然的和谐是人类取得自身和谐和发展的前提，生态美正是人与自然和谐的最高境界的统一。生态美学是跨学科、跨领域的基础性理论，不能简单地理解为生态学和美学的机械组合或内容的简单拼凑，而是生态学与自然科学、社会科学内在的、和谐的有机统一，是对现代人类生产、生活一切领域具有普遍指导作用的基础理论。

生态美与自然美、艺术美在审美价值上具有显著的不同。自然美只是自然界自身所具有的反映自然事物内在规律的非人类所要求的内在本质美，或者说具有其“内在价值”，它并不以人们的主观意志为转移，是其内在特点的外在表现。而艺术美只是片面反映了人类单纯的、功利性的外在美感即“工具价值”，追求的是人类主观能动性的外在表现。它的存在在一定程度上是违背自然内在规律的，是违背自然内在特性的外观美化。作为人类对美的追求的至高境界，生态美无疑是将自然的内在美特性与人类所追求的外在美的形式有机统一，并由此决定了生态美的根本特点，即它完美地表达了人与自然界的内在特性与外在情感的和谐统一，给人一种由生态平衡产生的自然美，一种生命和谐、生机盎然的艺术美。生态美的内在特性可以从理性的层面唤起人们对自然的尊重和认同，不是把自然仅仅作为资源而是作为道德关怀的对象，是人类生命的“第二个母亲”，从而达到对自然生态规律的认知，发挥人类的能动性、创造性，使人类与自然和谐相处，为人类更好地生存提供良好的环境。

生态美的内在特性具有了科学的意义，这时它与生态学的观照便变得更加紧密，不仅可以加深人们对生态观念的深层次的领悟，使人类超越利益得失而达到与自然的和谐相处，而且可以从意识形态指导人类的社会活动，放弃追求功利色彩浓厚的艺术美、形式美（如形象工程、政绩工程等），使我们政府各级领导干部尤其是主要决策者，在做出重大决策时切实立足于科学立场，注重生态平衡，放弃功利主义，达到“天人合一”——人与自然的和谐统一。生态美作为基础理论科学，是现代化的生产、生活中所不可或缺的，生态美所展示的内在和谐统一美成为激发人们开拓未来的巨大动力，对于创造人工环境与自然生态环境相结合的生态空间，以及满足人们的生存发展需要起着导航灯的作用。

一、儒、道、佛学的生态伦理思想

1. 儒家：参赞化育，生生之德

儒家文化代表着中国传统文化的主流，其中有关人与自然关系的生态思想就是一个很重要的方面。儒家一向看重人在自然万物中的地位，但它没有类似于道家的丰富而明确的生态思想。儒家的生态思想往往与他们关心天地人的理论结合在一起，因而形成了独特的既有人类中心主义又有自然中心主义的生态思想混合物。中国古代儒家学派一些杰出的思想家从研究人际关系出发，提出了许多珍贵的生态思想，形成了一套比较完整的生态思想体系。他们主张人是自然的一部分，人与自然万物同类，因此人对自然界应采取顺从、友善的态度，以求人与自然的和谐为最终目标。

人是自然界的一部分，同时也是自然界的产物，在自然界中占有非常特殊的地位。儒家从现实主义的人生态度出发，强调万物莫贵于人，突出了人在天地间的主体地位，在人与万物的关系上所持的态度显然是人类中心主义的。但是在坚持人为贵的立场上，如何对待事物，如何处理人与自然之间的关系，儒家却与西方的功利型人类中心主义截然有别，可以说，人在自然界中最重要的作用就是“参赞化育”。《中庸》较早地阐述了人与自然相统一的关系：“唯天下至诚，为能尽其性；能尽其性，则能尽人之性；能尽人之性，则能尽物之性；能尽物之性，则可以赞天地之化育；可以赞天地之化育，则可以与天地参矣。”这就是说，只有坚持至诚的原则，才能充分发挥自己善良的天性；充分发挥自己善良的天性，才能感化他人、发挥他人的善良天性；充分发挥一切人的善良天性，才能发挥万物的善良天性；充分发挥万物的善良天性，就可以帮助天地化育万物。人随时随地都与自然界的万事万物发生联系，以诚信待物，这是处理人与物关系的根本态度。以诚待物就是要尊重万物，同情、爱护和理解万物，并以天地化育之道促进万物的生长发育，而不是将万物视为与生命无关的外在物去使用、控制和破坏。

众所周知，西方经典意义上的人类中心主义是以功利为中心的，人类的利益高于一切，人类为了自己的利益可以自由取用自然资源，即使是有所爱护，也是从人类的功利考虑。从近代西方极端的人类中心主义到现代西方温和的人类中心主义，所持的基本立场皆是如此。儒家也重视人类的利益，但从儒家的创始人孔子开始就强调以仁立学，主张天下归仁（颜渊），既对人类讲仁爱，也对万物讲仁爱。从孔子、孟子、荀子、董仲舒等思想大家直到宋明理学，所持的对待万物的态度都是以仁爱为基本立场的，因而是与以功利为基本立场的西方人类中心主义不一致的。

儒家仁爱型人类中心主义，发轫于《周易》，经孔子最早阐发成形，孟子继而发挥并明确提出“仁民而爱物”的思想，主张把原本用于人类社会的人际道德原则和道德情感扩大到天地万物之中，把“爱物”纳入了完善“仁”德的内在逻辑结构里，认为“仁民”与“爱物”是不可分割的“仁”德的两方面，缺一不可。荀子把“不夭其生，不绝其长”的对待万物的态度看作是成为“圣人”（仁人）的必备条件。董仲舒也强调“惟人独能为仁义”，明确提出：“质于爱民，以下至于鸟兽昆虫莫不爱。不爱，奚足谓仁?”[①] 宋明理学将这种仁爱思想与“万物一体”相连，提出“仁者以天地万物为一体”，认为人与天地万物本来就是有生命的整体，血脉相连，休戚相关。仁人对于自然界受到损伤，如己身受到损伤一样，应有切肤之痛、伤心之感。张载主张人要“为天地立心”，将人定位为天地之心，决定了人对待万物的基本立场，即“民胞物与”。人在天地万物之间处于天地之“心”这样的特殊地位，所以必须担负起维护天地万物之生养的责任，用自己的仁爱之心去行动，使万物各得其所，否则就没有做到儒家的仁德，实现不了“天下归仁”。王阳明明确地说：“仁者以天地万物为

① 《春秋繁露·仁义法》。

一体。使有一物失所，便是吾仁有未尽处。”因此，儒家仁爱型人类中心主义关注的重心不是人的功利目的，而是人的道德完善，把万物作为人类道德关怀的对象，是为了体现人的“仁”德，维护好天地的“生生之德”。

孟子以“诚”这一道德范畴阐述天人关系，他指出：“诚身有道，不明乎善，不诚其身矣。是故诚者，天之道也；思诚者，人之道也。”也就是说，他已经把“诚”作为天人合一的理论目标。人如何才能实现诚性，以达到至诚的境界呢？孟子指出：“尽其心者，知其性也。知其性，则知天矣。存其心，养其性，所以事天也。”即一个“尽心”“知天”的过程。孟子的尽心、知性、知天说，主张通过道德修养，达到至诚的目的，实现人与天的和谐统一。因此孟子提出“万物皆备于我”，也就是说，世间万物的根本原理都存在于人们的天性之内，只需把它们充分地发挥出来。

《中庸》也特别强调人性修养的重要性。认为只要经过人类的努力，必能达到人性的最高点，实现化育之功。《中庸》中指出，“其次致曲，曲能有诚，诚则形，形则著，著则明，明则动，动则变，变则化，唯天下至诚为能化”。从“致曲”到“能化”这一过程，既是人性自我提升的过程，又是处理人与万物关系的过程；既是达到“能化”的过程，又是“参赞化育”的过程。荀子还提出：“天有其时，地有其财，人有其治，夫是之谓能参。”也就是说，天地人各有各的职能，只有明白天地人之间的区别，才能够达到“与天地参”的境界。达到“至诚”的境界，人们自然就能够化育万物，这就是《中庸》所说“故至诚无息。不息则久，久则征，征则悠远，悠远则博厚，博厚则高明。博厚，所以载物也；高明，所以覆物也；悠久，所以成物也。博厚配地，高明配天，悠久无疆。如此者，不见而章，不动而变，无为而成”。也就是说，只有天地是博厚而悠久的，才能覆载万物；只有天地之道是至诚无息的，才能够生成万物。人达到“至诚”的境界，便能够与天地一样成就万物，助成天地化育之功，这也正是人性的伟大之处。

当然，儒家以积极入世的态度用人道来塑造天道，极力使天道符合自己所追求的人道理想，同时又以伦理化的天道来论证人道。为了说明仁义礼乐制度的当然性与合理性，儒家把万物的自然成长过程、天地生物的过程与仁义礼智联系在一起。根据儒家的天道与人道贯通的逻辑，在人类社会中施行的仁义等伦理原则，在自然秩序中也是连续的和一致的，由此而有人际道德向自然领域的扩展。这种扩展是以道德主体与道德对象之间的亲密程度构成的等级体系，即“亲亲而仁民，仁民而爱物”。由双亲而及人类，由人类而及禽兽，由禽兽而及草木，由草木而及瓦石，等。随着道德对象范围的逐步扩大，道德关怀的程度也逐步减轻，但生态道德与人类道德是一个不能割裂的整体，伦理规范不仅要调节人类社会领域，也要调节自然生态领域，使自然万物在自然体系中按照自己的不同差别和地位而存在，并维护这种由自然物的多样性组成的和谐体系。

总之，承认人优越于其他生命的存在形式是所有人类中心主义的基本特征，西方人类中心主义以功利至上为出发点，儒家人类中心主义以仁爱有德为出发点，这正是中西方人类中心主义生态伦理观的重大区别所在。儒家仁爱型人类中心主义生态伦理观产生于华夏农业文明时代，不是为应对严重生态环境危机而出现的，所以保留了人与自然和睦相处的原初态生态伦理思想的样本，对人与自然的关系做出了独特的、不同于西方文化传统的解释，为现代生态伦理学健康发展和理论建构提供了一种不可多得的传统思想资源。并且，儒家将仁爱的道德情感与责任情怀纳入爱护天地万物的实践中，对当今的环保教育和环保工作皆有借鉴作用。

2. 道家：道法自然，四大皆贵

道家是中国古代哲学史上的主要流派之一，包含有丰富的生态思想。美国当代人文主义物理学家 F. 卡普拉（F. Capra）酷爱老庄道家学派的思想，曾对此给予极高的评价：“在伟大的诸传统中，据我看来，道家提供了最深刻并且是最完美的生态智慧。它强调在自然的循环过程中，个人和社会的一切现象和潜在两者的基本一致。”以老子和庄子为代表，道家哲学比较系统地论述了天人关系。在中国传统伦理思想中，道家学派的生态伦理思想也是十分突出的。道家的确有相当丰富的生态伦理思想。道家创始人老子曾经明确提出了“人法地，地法天，天法道，道法自然”和“道常无为而无不为”的无为型超人类中心主义生态伦理观，将天、地与人同等对待，进而提出了“道大、天大、地大、人亦大”的生态平等观，以及“天网恢恢”的生态整体观和“知常曰明”的生态爱护观，把人看作是大自然的一部分，大自然由“道、天、地、人”四“大”构成，这样就具有了一种既非人类中心主义又非反人类中心主义的“四大皆贵”的生态伦理理论建构。

“道法自然”是道家生态思想的精髓，并由此引申出了丰富的生态思想。道家认为天地并不是最根本的，“道”才是整个世界的本源，是一切存在的根源，是观察天地万物的根本出发点。老子提出：“道生一，一生二，二生三，三生万物。”“天下万物生于有，有生于无。”也就是说，道就是无，但无并不是空无、虚无，而是宇宙万物之本原；“一”是道所产生的元气，体现了万物的统一性；万物与“一”构成了自然界多样性的统一体；“一”与“万”的关系既是母与子的关系，也是统一性与多样性的关系。“一”作为万物存在的基础，代表着“自然”，这里的“自然”代表整个自然界，万物是自然界的组成部分，人也是万物中的一物，也就是自然界的一部分。

在中国哲学史上，老子第一次明确提出“自然”这一重要范畴，讨论了人与自然的关系问题。“人法地，地法天，天法道，道法自然”，这里的“自然”，是自然而然，也就是说人类要以“道”为法则，因为它是世界万物存在的根据。按照老子所说，自然界的万物，包括人的生命，都是自然界创造的结果，都是自然而然地生成的，并没有主宰者，这是“道法自然”的基本含义。在道家看来，人是自然的一部分，天地自然界的万物运动变化是有规律的，道、天、地、人都是自然而然存在着的，按照自然的本性存在和运动，且无时无刻不在变化之中。老子认为人的行为应当顺应自然，遵循自然万物的运行规律。“知常曰明，不知常，妄作，凶。”也就是说，按照自然万物的规律行事才叫作明智，不按自然万物的规律而轻举妄动，必然会招致凶险。道家认为，既然人产生于“道”生万物的过程，人就应该效法天地之道，对自然万物采取顺应自然的态度“以辅万物之自然而不敢为”，也就是“无为”。“自然无为”是“道法自然”的直接体现。道家的“无为”，并不是无所作为，而是不刻意妄为，不恣意强行。所以，老子强调要以无为的态度和方式去为，这样才能在自然界与人类生活中取得“无不为”和“无不治”的效果。庄子继承了老子的生态伦理思想，提出了“至德之世”的生态道德理想、“物我同一”的生态伦理情怀、“万物不伤”的生态爱护观念。产生于东汉末期的道教是道家思想的重要继承者。道教继承道家“道法自然”和“物我同一”的观念，在具体实践道家生态伦理思想上贡献尤大，在道教戒律劝善书里有众多约束道教徒对大自然不敬不法行为并加以神化的宗教道德律令和行为规范，对落实道家“四大皆贵”的生态伦理思想和爱护大自然起到了良好的作用。

诚然，道家之所以主张“四大皆贵”、万物平等的生态伦理思想，是因为道家认为，所有的生命和自然物与人类一样都是为“道”所创生，蓄道之德，因而与人类具有相同的价值尊严。人不仅应该尊重自己的生命，也应该尊重他人和动植物的生命，维护万物的存在。虽然从万物之间各自性质、形态、功能的有无的相对意义上看，其差别是相对的，这些差异不能成为否定一物独特价值的理由，但是从万物自身所依据的价值本源的绝对意义上看，任何事物的价值都是平等的，“以道观之，物无贵贱”。道作为永恒的终极实在，作为产生万物的根源和运作者，有普遍性和整体性。一方面，万物虽然在形态和性质上千差万别，但都具有由道所决定的共同本质和所遵循的共同法则，因为道普遍存在于其中而成为其德；另一方面，万物性质的差异和形态的变化不过是整体的道的变化过程的表现，是道的创生过程的部分和阶段而已。德是万物产生之后内在于具体事物中的道，是道在创生万物的活动中赋予具体事物的存在依据，是道的作用和显现。德与道的关系是体与用的关系，是部分与整体的关系。道是本体，它通过德在具体事物中的功用体现出来；道是整体，它在创生万物时流布或分殊于具体万物就成为德。德虽以道的整体性为存在依据，但它反过来以自身的部分性来体现道的整体性，德是道的组成部分。

从价值论的角度看，道是宇宙中一切事物普遍的最终价值源泉。事物一经产生，道即成为它的本质属性，德作为体现于具体事物中的道，就是事物自身的内在价值。宇宙中任何事物都具有的独立而不可替代的价值，不完全是道的总体价值的体现与存在样式。道的整体价值体现于它所产生的万物自身的内在价值之中。万物按照道的法则和自身性质去实现自己的价值，同时也就实现了道的整体价值，因为万物的形态、结构和功能的不同，正是实现道的整体价值所必需的，万物的这些不同特点和独特的内在价值，是道的整体价值实现的工具价值。如果把道当作生态系统和生态过程的整体，而把万物当成各种生命物种和生命个体，那么就可以得出非人类中心主义的生态伦理学的观点：生态系统的整体价值是由众多不同的动物、植物、微生物等生命物种在生态演化的过程中来实现的。这些物种在实现自己内在价值的过程中所发挥的作用，对于生态系统整体价值的实现发挥着必需的多种功能，如生产者、消费者和分解者的功能，因而由众多的生命物种构成的复杂联系的生态网络，是生态系统整体价值存在的前提，各种生命物种的内在价值就成了实现生态系统整体价值的工具价值，它们的价值对于整体价值来说是没有大小高低之分的。而且，在道家看来，从生命主体的生存环境和满足生存需要的对象来看，不同的生命主体具有不同的生存环境和满足生存需要的不同对象，其主体的感受具有相对性。不同的生命主体对于客体有不同的需要，不同的环境和对象对于满足不同生命的生存需要只能是相对的。“鱼处水而生，人处水而死，彼必相与异，其好恶故异也。”不同生命主体的特性不同，其好恶必定存在差异。用目前生态伦理学的语言来说，就是同一环境，对于不同的生命主体而言，具有不同的正负面的工具价值效应。这种环境工具价值效应的差异，正好显示了人与动物的生存价值的平等地位。

虽然道家从其“四大皆贵”的生态伦理情怀出发提出了无为型超人类中心主义的生态伦理观，这种伦理观出于其无为主义人生观的考虑，既尊重人，也尊重自然，但是它按道、天、地、人的顺序排列，把“道”放在最尊贵的突出地位也是十分明显的。这个“道”虽然是“道法自然”的，但也带有天真幻想的成分，后来的道教正是把求道做神仙作为其追求的宗教信仰。所以，从道家“尊道”出发的生态伦理观包含有极大的神秘主义因素，其一味强调顺应自然的“无为”论和反对利用科学技术的态度，带有盲目反文明的消极性。在人类生态环境出现严重危机的今天，假如还完全照搬道家的无为论生态伦理观，不去以先进的科学技术和先进的管理办法治理环境、保护生态，那么人类要走出生态危机的困境，有效地恢复生态平衡，就只能是一句空话。“道法自然”作为道家思想和基本教义，其中包含着丰富的生态思想，在生态环境日益恶化的今天具有重要的生态学意义。当然，道家四大皆贵的无为型超人类中心主义的生态伦理思想是积极因素多于消极因素的，它主张顺着自然万物固有的本性及其周围的条件，以不胡乱作为的方式去实现人与自然和谐的思想，受到当代西方环境保护主义者和生态伦理学界的高度重视。这说明其有许多可取之处。道家生态伦理为我们提供了一种值得珍重的伦理范例，它建立了一种真正意义上的人与自然平等的生态价值观和物我相融的生命存在论，揭示了人与自然之间相融则善、相斗则恶的伦理辩证法。当然，这并不意味着我们必须全然认同道家的生态伦理。作为一种古老的道德文化传统，道家及其思想毕竟不可能超越它固有的历史与人文的视阈，其生态伦理也不可能完全成为现代社会的道德法典。这是一种对待道家生态伦理观的客观态度。

3. 佛教：众生平等，慈悲为怀

佛教作为世界著名宗教之一，源远流长，博大精深，有丰富的文献资料，其中也包含许多宝贵的生态思想。中国佛教思想是印度佛教传入中国之后，由中国佛教徒结合印度佛教理论的精华与中国传统哲学的理论而重新阐发、创新出的哲学思想。中国佛教中包含有大量对自然生态与精神生态的思想写照，包含了丰富的生态理论，是中国传统文化与生态学联结的重要纽带和资源。“众生平等”是佛教的一个基本观念。“众生”作为佛教的一个重要概念，它表述了佛教关于人类与其他生命体、人类与自然界之间共生关系的核心理念。佛教把自然界万物分为两类：具有情感和生命的东西，如人与动物，最初称为“众生”，后来称为“有情众生”；不具有情感的东西，如草木瓦石、山河大地等，叫作“无情众生”。“众生”的内容随着历史的推进以及中国传统文化的浸染而不断扩展其外延，并由最初的“有情众生”推进到涵盖有情和无情两类的宇宙万物。佛教的“平等”可以分为4个层次：第一，众生与佛的平等；第二，人与人的平等；第三，人与动物的平等；第四，有情与无情的平等。也就是说宇宙间所有事物，即佛、人、动物、植物、无机物之间都是平等的。

中国佛教中的天台宗、华严宗和禅宗等宗派都认为，一切众生都具有佛性。禅宗认为，不仅有情的众生具有佛性，无情的草木等低级生命也具有佛性。吉藏在《大乘玄论》卷三中指出：“依正不二，以依正不二故，众生有佛性，则草木有佛性，以此义故，不但众生有佛性，草木亦有佛性也。……以此义故，若众生成佛时，一切草木亦得成佛。”也就是说，自然界中的一切现象都处在相互依赖、相互制约的因果关系中，一切生命都是自然界的有机组成部分，离开自然界，生命就不可能存在。所谓“青青翠竹，尽是法身；郁郁黄花，无非般若”，就是说花草树木、飞禽走兽皆有佛性，必须爱护自然界中的一草一木，建造一个相互依存、和谐自由的环境。

佛教认为，生命对于人类和一切不会说话的动植物都是非常宝贵的，人类因为其高超的思维能力成为自然界的主人，但并不能因此而伤害他物。小至尘土，大至宇宙，旁及一切生灵，共处于同一生命流中，而且“一切众生皆有佛性”，万物都有可能达到最高境界，领悟佛性。佛教对生命的关怀，最为集中地体现在普度众生的慈悲心肠上。慈，“一切佛法中，慈悲为大”；悲是佛道之根本。“与乐”叫作“慈”，在佛教看来，“拔苦”叫作“悲”。它教导人们要对所有生命大慈大悲。“大慈与一切众生乐，大悲拔一切众生苦。”前者意味着给所有的人和生物以快乐，后者意味着拔除所有生命的痛苦。众生平等具有重要的伦理意义，即不仅承认人与人之间是平等的，而且人与其他生命存在也是平等的，我们要平等地对待与我们共存于这个宇宙的其他一切生命，并与它们和谐相处。

佛教从出世主义的人生态度出发，提出了宇宙万物（众生）皆由因缘和合而成“一合相”的缘起论，认为万事万物的存在与发展皆有着内在的因果关系，整个世界都处于一个因陀罗网似的相互联系的整体中。佛教认为，大至宇宙的演变，小到众生的起灭，皆可由“十二因缘”得到说明。也就是说，宇宙万物的一切，都是十二因缘在循环（轮回），这就有了佛教的“三界六道轮回”之说。佛教认为人类应该普度众生、泛爱万物，提出“一切佛法中，慈悲为大”。佛教主张众生平等的价值观。中国佛教中的天台宗、华严宗和禅宗等宗派都承认，一切众生都具有佛性。佛与众生，由性具见平等，而且禅宗不仅肯定有情的众生具有佛性，还承认无情的草木等低级生命也有佛性，所谓“青青翠竹，尽是法身；郁郁黄花，无非般若”，认为大自然的一草一木都充满着生趣，都具有自己的内在价值，值得人们去珍爱。

承认有情的众生和无情的花草都具有自己的内在价值，这显然不同于人类中心主义的价值观。从尊重生命的价值出发，佛教提出了一系列戒律，其中有“八戒”“十戒”之说，要求佛教徒“不杀生”、“放生”和“吃素”，反对任意伤害生命，这样就从理论到实践形成了一种反人类中心主义的生态伦理观。而且，由于佛教要求破除人类中心主义的“迷妄”和对事物包括生命的执着，以“无我”的胸怀应对大千世界，这就从精神上彻底破除了人类自身的优越感和征服自然的统治欲。这种“破妄”型反人类中心主义的生态伦理观受到非人类中心主义生态伦理学家的普遍称道，如曾担任美国环境伦理学会会长的霍尔姆斯·罗尔斯顿把佛教尊重生命、众生平等的生态伦理思想看作是建立一种关心自然价值的生态伦理学的深刻理论基础。他说：“环境伦理学正在把西方伦理学带到一个突破口。所有伦理学正在寻找对生命的一种恰当的尊重……但是，过去没有提出这样的问题：对人以外的事物是否承担有义务呢？对生命的尊重需要一种新的伦理学。它不仅是关心人的幸福，而且关心其他事物和环境的福利。环境伦理学对生命的尊重进一步提出是否有对非人类对象的责任。我们需要一种关于自然界的伦理学。它是和文化结合在一起的，甚至需要关于野生自然的伦理学。西方传统伦理学未曾考虑过人类主体之外事物的价值……在这方面似乎东方很有前途。佛教禅宗有一种值得羡慕的对生命的尊重。东方的这种思想没有事实和价值之间或者人和自然之间的界限。在西方，自然界被剥夺了它固有的价值，它只有作为工具的价值，这是随着科学和技术的发展而增加的价值。自然界只是人类开发的一种资源。但是禅学不是以人类为中心的。它不鼓励剥削资源。佛教使人类的要求和欲望得以纯洁和控制，使人类适应它的资源和环境。”

佛教禅宗懂得，我们要给予所有事物完整性，而不是剥夺个体在宇宙中的特殊意义。它懂得如何把生命的科学和生命的神圣统一起来。但是，我们认为，中国佛教这种反人类中心主义的生态伦理观也存在严重的弊端。首先，它是与其出世主义的信仰体系相连的，如一味地主张不杀生和破除人类的“迷妄”才能进入极乐世界，带有强烈的神秘主义宗教意味；其次，它不是从生态系统中各种生命存在形式的客观性出发，而是从其主观的内心世界的所谓体验出发，因而它所提出的生态理念中，带有一些反科学的迷信色彩。我们应该吸取当代生态科学的最新成果，用历史唯物主义的态度和方法对其进行分析，保留合理的积极因素，消除荒诞迷信的东西，为建立科学的生态伦理学提供有益的精神资源和哲学养分。

综合上述，可知儒释道在对待自然和生态环境的基本立场上的一种递进关系，即从人类中心主义、超人类中心主义到反人类中心主义的三种立场。无论哪一种立场或取向的生态伦理学说，只要在逻辑上自洽，且能为现实的环境爱护提供相应的理性支持，都是值得肯定的。儒释道三家生态伦理思想作为东方古代文明的成果，自有其不可替代的理论价值。它们虽然是古代农业文明的产物，带有朴素直观和直觉体悟的色彩，但是它们追求人与自然和谐的生态平衡理想境界、反对破坏自然资源和爱护生态环境的情怀与举措，从生态伦理的角度来分析，其积极因素是多于负面作用的。综观儒释道三家的生态伦理思想，可以说皆有其理论优点和弱点，任何一家的思想都不可能为当今生态伦理学的理论建构所完全采纳。只有结合当代西方各派生态伦理学研究的积极成果，整合其理论优点，才能做到古为今用、推陈出新。因此，要真正建立起完善的生态伦理思想体系，就必须以全人类（包括未来人类）的共同利益为基本出发点，以当代环境科学为基本依据，以唯物辩证法为基本的方法，还要吸取中华民族传统的顺应自然、万物一体、重生爱物、俭朴自制等伦理观念，充分肯定人在管理地球、维护生态平衡中的中心地位。

对传统生态观念进行认真清理和发掘，不仅为生态美学的研究和发展提供深厚的理论资源，同时也有助于改变当前国内学术界失语的尴尬处境，为实现由西方话语中心到东西方平等对话的转变提供了契机。

生态美学在国内引起广泛的影响，成为世纪之交美学研究领域中的一个热点。这与中国传统文化中的生态话语和生态智慧大有关联。当西方学者面对着工业文明所带来的重重弊病束手无策的时候，他们惊奇地发现中国文化特有的生态理念。美国人文主义物理学家卡普拉就认为，老庄的阴阳学说就是一种广义上的生态观。正视我国古代文化的价值，深入发掘并重新整理古代传统的文化思想，对于生态美学研究具有重要的理论价值和实践意义。当今全球所面临的生态危机使得不仅我们自己而且欧美的有识之士也希望我们国家走一条不同于西方现代化的新路，一条“生态文明之路”，美国有机马克思主义的代表人物柯布甚至认为中国是当今世界最有可能实现生态文明的地方，因为中国传统文化一直是有机整体主义的，拥有很深的生态智慧，中国政府在各国政府之前率先明确提出“建设生态文明”，可以看作是在一个新的高度上对这种有机整体主义的弘扬。我们当然没必要因为人家的几句赞扬而沾沾自喜，因为实际上我们的生态环境保护做得还有所欠缺，生态文明建设才刚刚起步。但是我们应该有决心、有信心走出这条不同于现代主体性的霸道文明（从整体来看是野蛮）的王道之路。

中国传统文化中含有丰富而深刻的生态思想。作为当代生态文明的源头活水，中国古代生态文化受到人类社会的高度重视。“天人合一”思想是它的基石，古代神话传说中的自然崇拜是它的特殊表现，而尊重自然规律是它的精华。21 世纪中华民族要实现伟大复兴，必然包含古代生态文化历史价值的复兴。中国古代这些生态文化思想历来为古今中外学者们所推崇，发掘和弘扬中国传统的生态思想，对于我国生态文明建设具有重大的现实意义。中国古代的生态思想源远流长，既有浩若烟海的文字记载，也有丰富的实物佐证。许多精华部分一直被继承，并被发扬光大。追寻我国古代生态思想的源头，探究我国古代生态思想的要义，对于生态思想的古为今用，丰富生态文明内涵有重要的意义。在我们中国古代的王道政治理想中，不仅有君臣、上下、父子、夫妇之间行仁义礼乐之道达到的和谐，有夷狄归化形成的民族和谐，还包括人（仁者、王者）推恩于鸟兽草木形成的生态和谐。著名的古代蒙学读物《千字文》中就有王道“化被草木”这样的词句。我们古老的王道政治中包含生态文明的维度，这是西方现代的人本主义政治理想所不及的。如果我们的政府和老百姓能够切实继承古人的生态智慧，改变唯 GDP 主义的经济增长方式，改变种种奢靡浪费的腐败和愚蠢行为，回归质朴的生态之美、践行温厚博大的生态伦理，那么我们就能走出一条不同于西方现代那种人与自然二元对立式的文明道路，中华民族的伟大复兴就能变成中华文明的复兴，而不只是西方现代化发展道路在东方的一次代价巨大的和缺乏想象力、创造力的简单复制，中华民族的复兴就能变成一场具有世界历史意义的大事。

二、中国古代生态思想的缘起

人类之初，本与自然界浑然一体，完全依赖自然生产力维持生计。由于没有能力抗衡种种影响人类生活的自然现象，因而产生了对生命和自然环境的敬畏。在漫长的蒙昧时期，人类以图腾等形式表达对自然现象的崇拜和畏惧，这是人类最早产生的生态文化现象。最早，人们把某种动物作为图腾崇拜。例如，我国传说中的“黄帝族以熊为图腾”，“夏族以鱼为图腾”，“商族以玄鸟为图腾”，半坡母系氏族公社实行以鱼为象征的生殖器崇拜，等。人们之所以要进行图腾崇拜，一方面是由于人们要依靠大自然提供食物和避风遮雨的场所等最基本的生存条件；另一方面则是由于他们惧怕大自然的威胁，便以图腾崇拜的方式乞求大自然的恩赐与保护。在长期的进化中，人们逐渐积累了顺应自然的理性认知，这就是远古时代人与自然保持和谐一致的生态思想萌芽。

如果说对动植物的自然崇拜，是缘于自然生长发育的动植物提供给人类以衣食之源，那么把天、地、日、月、星、雷、雨、风、云、水、火、山等自然物尊奉为神，则是由于古人对自然现象还无法从科学上进行解释，从而对自然现象产生原始感性经验，即把其当作神加以崇拜，并以某种顶礼膜拜的仪式寄托人的某种愿望；同时，也把自身看作是顺自然神意而生，受天地之命而降。从积极的方面看，人们已经意识到了生物和自然现象对人类的重要意义。为了生存，对自然界既要依附、顺从、利用，又要斗争和保护。这种人类最早的生态思想和实践，它的精华部分已经融入中华文化，成为一种传统观念传承至今。种植业的产生，标志着人类从蒙昧时代进入了古代文明时期。它意味着人类从自然文化过渡到人文化时代。自然文化的所有领域，无论是采集、狩猎的物质生产，还是人口生产、消费生活、精神生活等都是自然而然的，是和自然浑然一体的。农耕文明则不同，它是重人伦和人事的，是一种人的文化。这种文化崇尚“天地人和”“阴阳调和”“天人合一”的观念，把热爱土地和保护自然融入了这些观念中。在实践上，创造并总结了一整套提高耕作技术的丰富经验，如种植制度上的轮作复种和间作套种；耕作制度上的深耕细作和水、旱耕作的技术；栽培制度上的中耕除草和加强田间管理等。与此同时，还制定了关于环境保护的有关规定。总之，随着农耕时期“天人合一”等观念的形成、耕作技术的提高以及保护生态资源相关法规的出现，我国古代生态思想已经形成了。

三、“天人合一”的生态观

中国古代的生态思想孕育在传统文化中。面对困扰当今人类的生态问题，古代的中国哲学早已为此提供了富有启发性的智慧成果，即“天人合一”的智慧。“天人合一”思想是中国传统生态思想的基本理念，也是中国传统文化的根本精神和最高境界。“天”指“广大的自然”，也指“最高原理”及“最高主宰”，“合一”既指自然的天与人合一，也指信仰的天与人合一。“天人合一”思想历时两千多年，为大多数古代哲学家所宣扬、阐释和发展，成为中国文化乃至东方文化的基本格调。季羡林先生指出：“‘天人合一’是中国哲学史上一个非常重要的命题，是对东方思想的普遍而又基本的表述。这个代表中国古代哲学主要基调的思想，是一个非常伟大的、含意异常深远的思想，非常值得发扬光大，它关系到人类的前途。”“天人合一”的思想在儒学中是一以贯之的。相传，孔子作《易传》时曾说：“昔者圣人之作《易》也，将以顺性命之理。是以，立天之道，曰阴阳；立地之道，曰柔刚；立人之道，曰仁义。”《易·说卦传》中以天地人“三才”之理作为自然法则，建立了有秩序的世界体系。孟子把天与人的心性相连，提出“尽心、知性、知天”。董仲舒则认为：“事各顺于名，名各顺于天。天人之际，合而为一。”张载接受了通贯性天的思想，第一次提出“天人合一”，他说：“儒者则因明致诚，因诚致明，故天人合一。”荀子提出：“天有其时，地有其财，人有其治，夫是之谓能参。舍其所以参，而愿其所参，则惑矣！”“三才论”集中体现了“天人合一”的思想，表达了人与自然和谐统一的生态观。

道家在天人关系上，也主张“天人合一”。老子最先表达了“天人合一”的思想。他提出：“人法地，地法天，天法道，道法自然。”庄子也认为：“无受天损易，无受人益难。无始而非卒也，人与天一也。”在道家看来，“天人合一”是自然界万物保持其差异性的融合，同时还要保护天与人各自的生存方式和生存权利，任何破坏自然的行为都会导致人与自然关系的破坏，都是道家所反对的。道家的“天人合一”思想并不是一个客观性的事实命题，而是一个价值命题，有助于维护人与自然和谐统一的关系。可以说，“天人合一”思想是贯串中国古代各主要学派的思想主线。“天人合一”包含不同层次的内容，不同的哲学派别和哲学家对此也有不同的看法，比如，道家更看重“自然”的一面，儒家更看重“人文”的一面，但是，这一思想的基本含义则是人与自然的内在统一。“天人合一”命题以极为朴素的道理揭示了人与自然关系中最深刻、最本质的问题，是我国生态文化思想的早期成果。“天人合一”思想历经了漫长的发展过程，内容复杂，但它体现了中国传统文化对人与自然关系的深刻理解，因而

“天人合一”思想是中国传统文化中生态思想的核心。

四、中国古代生态思想的现实意义

中国古代生态文化思想，内容丰富，影响深远，为一些国内外思想家所推崇。法国思想家施韦兹在创立尊重生命伦理学的著作中，多次提及中国思想家老子、孔子、孟子、庄子、墨子等人，认为在他们的思想中，人和动物的问题早就具有重要的地位，在哲学原则上确定了人对动物的义务和责任，他们是深刻而富有活力的生态哲学思想的创立者和宣告者。弗里乔夫·卡普拉说：“在诸伟大传统中，据我看来，道家提供了最深刻并且最完善的生态智慧，它强调在自然的循环过程中，个人和社会的一切现象和潜在两者的基本一致。”基于这一认识，他认为世界文化的模式应该是基于自然无为基础上的阴阳平衡。日本著名经济学家、文化学家岸根卓郎对比东方哲学和西方哲学的自然观分析环境问题，其结论是老子和庄子开始确立的顺应自然的“无为自然观”“绝不会引起环境问题”。他进而论证了老子和庄子的区别，认为老子提倡消除人为，返归自然，其自然哲学是“从可视的物质的自然观出发，向着不可视的精神自然观超越，完成并升华”。在“东方这种虚无的自然观下，环境问题绝不可能发生”。而庄子基于“万物齐同”（万物一切相同）思想形成的“无差别自然观”，也同样“决不可能引起环境问题”。

中国著名学者钱穆谈到中国传统思想文化时深情地说：“天人合一”是中国文化对人类最大的贡献。他认为，中国传统文化精神自古以来既能注意到不违背天、不违背自然，又能与天命融合一体。他满怀信心地展望“世界文化之归趋，恐必将以中国传统文化为主”。钱穆虽不是直接讲生态文化的，但是他提到的不违背天、不违背自然的传统文化精神，则是古代生态文明的精髓。中国传统生态文化思想之所以如此受到中外学者的推崇，与其内容的博大精深以及它对当代生态思想文化的影响力是分不开的。

1. 尊重生命和热爱自然的生态思想

美国环境伦理学学会主席、美国哲学家罗尔斯顿指出，东方的伦理不是以人类为中心的，它不鼓励剥削资源。他们懂得，要给予所有事物完整性，而不去剥夺个体在宇宙中的特殊意义，懂得如何把生命的科学和生命的神圣统一起来。在系统论述有机宇宙论的著作《过程与实在》和《思维方式》中，怀特海的环境美学思想便是与其有机宇宙论融合到一起，获得了丰富深刻的学理内涵和坚实的哲学基础，并表现出诗意与哲理交融、广度与深度并进的思维特色。[①] 西方现代思想家所寻找的尊重生态的伦理学突破口正是中国古代的"天人合一"的思想。儒家"天人合一"的思想发展到宋代，更趋成熟。他们在继承先前儒家思想的同时，吸收了墨家的"兼爱"，庄子"泛爱万物，天地一体"的思想，进一步发展了"天人合一"思想，并且主张人与自然平等。也就是说，在人与自然平等的基础上，提倡人们爱护其他一切自然物和人造物。程朱（程颢、程颐、朱熹）学派的"天人合一"哲学，特别是程颢提出的"仁者以天地万物为一体"的思想，具有重要的生态伦理学价值。

中国古代思想家尊重生命和热爱自然的思想具有普遍性和连续性，并为大多数后来的思想家所继承和发展。"天道生生"就是中国古代哲学中与"天人合一"并列的深湛思想。"天道"是自然界的变化过程和规律；"生生"是指产生、出生，一切事物生生不已。我国古代思想家认为，自然界中一切事物的产生和发展是遵循一定规律的，自然界生物生生不息，既是自然之"道"，又是自然之"德"。只有尊重自然和生命，才是真正的道德。中国古代思想家把"仁"等社会伦理观念扩展到人对自然现象与生物的伦理，强调要以仁爱之心对待自然。曾子引述孔子的话说："树木以时伐焉，禽兽以时杀焉。"孔子说："断一树，杀一兽，不以其时，非孝也。"[②] 我国夏代制定古训："春三月，山林不登斧斤，以成草木之长"，"夏三月，川泽不入网罟，以成鱼鳖之长"。孔子正是依据这一古训，把"仁民"扩展到了"爱物"，认为不以其时伐树，或不按规定打猎是不仁的

① 曾永成：《怀特海有机哲学环境论中的美学和生态思维》，《鄱阳湖学刊》2017 年第 3 期。
② 《礼记·祭义》。

行为。儒学发展到汉朝董仲舒，可以说完成了“仁”从“爱人”到“爱物”的转变。他说：“质于爱民，以下至于鸟兽昆虫莫不爱。”上述这些尊重自然、热爱自然的思想，体现了中国古代文化中的生态思想，对现代生态文化建设也有积极意义。

2. 在利用与保护中寻求人与自然和谐的思想

中国古代思想家从人与自然的相互统一中提出了生态保护与利用的思想，并在二者的相互作用中寻求人与自然的和谐。儒家和道家都把爱的伦理原则，推广到生物和自然界。道家提出“爱人利物之谓仁”①，这就是说，人类既要利用生态资源，又要保护生态资源，更新自然资源，达到永续利用目标，这才是有道德的。儒家提出“爱人及物”，“仁者，爱人之及物也”。“仁”是爱人，但五谷禽兽之类，皆可以养人，故“爱”育之，这是“仁民爱物”。可见，儒家、道家对待包括人在内的自然界的基本态度是：爱万物，永续利用万物，人、天地、万物是一个有序的整体，既能利用自然，又要保护自然。在强调对自然的利用与保护的同时，中国古代思想家又提出“与天地相参”的思想，主张人与自然万物的生态协调，追求“和一合”境界。“与天地相参”就是天、地、人三者相互利用，兼利万物。用当今术语解释就是人与自然相辅相成，协调发展，和谐进化。“和一合”是中国古代文化的精髓，亦是各家各派认同的普遍原则。无论是天地万物的产生，还是人对自然、社会与人际关系，都与“和一合”相关。荀子说：“万物各得其和以生，各得其养以成，不见其事而见其功，夫谓之神。”② 意思是说，万物获得各自需要的和谐之气而生存，获得各自的滋养而成长，虽然看不见它们如何工作，却看见了它们的成绩，这就是“神”。

用现代生态学的观点来看，和与合是世间万物运行的前提，先哲们力图把对自然规律的认识上升到理性的高度，形成了最初的生态思想，又把这些思想要达到的目标归结为万物之间的和谐，和谐即良性循环，只有良

---

① 《庄子・天地篇》。

② 《荀子・天论》。

性循环才能实现持续进化。中国古代生态观的这些思想也是对最基本的自然生态规律的体悟，对现代生态观有积极的借鉴作用。

3. 尊重自然规律，减缓生态消费的思想

中国古代生态文化无论是“天人合一”，还是亲近自然、敬畏自然，其归宿就在于顺应自然，尊重客观规律，不能在自然面前为所欲为。这样就在古代生态环境消费上产生了显著的保护作用。首先，因势利导，造福于民。历史上这方面的例子非常多。大禹治水、李冰修建都江堰就是充分利用自然规律的成功典范。在大禹时代，曾发生大规模的洪水泛滥，禹带领其部落采用疏导之策，最终战胜了洪水灾害，所以后人将大禹治水的人功化为神工，使禹成为治水之神。在先秦典籍中又记载，禹将害人之蛇龙不是杀之而后快，而是驱而放之菹，也就是它们本应该生活的地方，达到“鸟兽之害人者消”的目的。其次，倡导对自然资源的利用要四时有禁，以保证自然资源的持续不竭。古代生态文化的核心在于尊重自然规律，所以在利用自然赐予的各类资源时十分慎重。在周朝的法律制度《周礼》中除设置专人管理和看守山泽资源外，还规定伐取不同木材的时间。[①] 在《吕氏春秋》中，从夏历正月到十二月详细说明如何开发利用山泽资源。规定正月“禁止伐木，无覆巢，无杀孩虫胎夭飞鸟，无麛无卵”；二月“无竭川泽，无漉陂池，无焚山林”；三月“命野虞，无伐桑柘”；四月“无起土功，无发大众，无伐大树”；五月“令民无刈蓝以染，无烧炭”；六月“树木方盛，乃命虞人入山行木，无或斩伐，不可以兴土功”；九月“草木黄落，乃伐薪为炭”。[②] 另外，在云梦秦简、秦朝的《田律》中也有类似的规范。可见，在当时为了保护自然资源，整个社会动用了行政、法律、道德的各种手段去加以实现，看到这些内容我们不能不钦佩两千多年前祖先为了保护自然生态所做的努力。

---

① 孙钱章：《中国经济管理思想史简编》，中共中央党校出版社 1995 年版。
② 陈奇猷校释：《吕氏春秋校释》，学林出版社 1984 年版。

第三章　我国生态美学研究进展

随着20世纪80年代中叶以来工业化浪潮的蓬勃兴起，生态美学作为一个“新生事物”获得了同样蓬勃旺盛的生命力，逐渐成为国内美学研究的重要领域，并且随着人们生态文明意识的不断提高，生态美学获得了极为广阔的发展空间，成果颇夥，新人颇众，势头喜人。应该说，“生态”的介入使得美学焕发了生机，美学从未像今天这样如此紧密地与社会实践相关联。虽然其发展脉络曲曲弯弯，但发展到现在不难看出生态美学已经对文化、社会乃至经济产生了特殊的影响，对生态美的追求已经深入到生活、生产和创意等多个领域，越来越成为全体国民共同的价值取向。同时我们也必须看到，从已有的成果中去看，生态美学的研究依然存在一些不尽如人意之处，诸如较为普遍地存在着对“何为生态美学”依然理解不深、不透，对生态美学与生态文化的关系认识不够全面等问题。这就牵涉到对“生态”的认识问题以及“生态”如何关联到文学的问题。

一、生态美学是否可以成为一门学科

“生态学”的概念，原意是研究生物与环境关系的全部科学。如果这里的“科学”所指为自然科学，那么其范围还应该继续扩大，还需要包括所有的人文社会科学，文学艺术自然是其中之一。生态学发展到后来，已经具有了“文化”的内涵，生态学开始涉及“人”学，研究人与生物，与自然环境和人造环境以及社会环境的关系。学者们越来越清醒地认识到生态学不仅仅是一门学科而已，更为重要的是，它是一种适时出现的整体性思维方式，告诉人们如何站在“命运共同体”的立场思考问题，它当然也是一种不同于以往的人类中心主义的生态中心主义思维方式。在这种思维方式的转换下，各种跨学科研究的理论形态不断涌现出来，如生态经济学、生态社会学、生态哲学、生态伦理学以及生态美学等。而生态学本身就是一种伦理学。著名生态学家弗·迪卡斯雷特认为，把人和自然界相互作用的演变作为统一课题来研究，才算开始找到生态学的真正归宿。这样就使生态学第一次成为“显学”，因为其大大超出了生物科学，甚至超出了自然科学的范围，更进入社会科学领域，如生态经济学、环境法学、生态美学、生态伦理学等。生态政治学、生态马克思主义等新学说也应运而生。我国生态美学研究时间虽然只有短短的几十年，然而热点颇多、成果颇丰，其中 1999 年余谋昌《生态伦理学》的出版具有开山意义。此后至今，陆续出现了曾永成的《文艺的绿色之思　文艺生态学引论》、徐恒醇的《生态美学》、鲁枢元的《生态文艺学》、袁鼎生的《审美生态学》、曾繁仁的《生态存在论美学论稿》等著作。有的学术期刊还专辟《生态美学研究》专栏，从而使该杂志成为国内生态美学研究重镇。而自 2001 年起，每年召开的全国生态美学研讨会，更是大大推动了国内生态美学研究的交流和多元对话局面的形成，学者们从各个方面斟酌、思考生态美学，见仁见智，形成了生态美学研究百家争鸣的局面。

由此可见生态美学研究的繁荣。如果说还存在些许不足，那么问题在于绝大多数国内学者对生态美学进行发问和表述时，他们都自觉或不自觉地回避了一个至关重要的问题，那就是生态美学是否应当成为或者已经成为一门学科？在聂振斌看来，生态系统中的审美问题和生存环境的美丑问题，都属于生态美学研究范围，生态美学作为一门学科是成立的。绝大多数的国内生态美学研究者，都是在默认生态美学作为一门学科的前提下进行着相关的思考。但也有少数持不同意见者认为生态美学仅仅是一种比较重要的美学理论形态。例如，曾繁仁认为生态美学作为一种后现代语境下的生态存在论美学观，还只是一个重要的理论问题，并没有形成一个独立的学科。因为，作为一个独立的学科，要有独立的研究对象、研究内容、研究方法、研究目的及学科发展的趋势5个基本要素。目前，生态美学还不完全具备这些条件。韩德信则认为目前生态美学的学理定位还没有真正完成，它本身的一系列理论问题也并没有完全趋于系统化与逻辑化，生态美学在中国兴起也只是短短十几年的时间，研究人数相对较少，研究成果相对也不够丰满。

我们认为，虽然称为“生态美学”，但并不代表这就是一门学科。也不能因为生态美学成为一门“显学”而断定其为一门可以独立的学科，就像不能把实践美学、现象学美学视为一门独立学科而仅仅是美学理论一样。实事求是地说，生态美学仅仅是近年兴起的一种针对生态危机和美学自身理论困境，希望用生态学的整体性思维方式自造美学新局的美学理论形态，是从生态学的角度思考美学和从美学的角度思考生态环境建设的美学理论。从学科归属上论，它似乎更像是一级学科生态学之下的二级学科。当然作为在生态学和美学的边缘之间产生的理论形态它有其自身限定性，有着自身独特的研究范围、哲学基础、思维方式。即使如此，它也仅仅是一种理论形态。只有将生态美学当作一种理论形态，我们才会比较客观平和地研究、思考生态美学，比如它产生的独特语境，其研究范围，以及它在美学发展中应该具有的地位；而不会盲目赋予生态美学过于沉重的意义和使命。

二、生态美学的使命及其成因

我们不妨从生态美学的使命开始。任何一门科学，尤其是社会科学的出现，都与其当时所处的社会历史条件有很大关系。不排除超越社会阶段的理论，但作为一门致力于“艺术地”解决生态问题的学问，生态美学显然有着自己独特的使命。何为生态美学呢？国内学者对之表述各异，归结起来大概有两种。一种认为生态美学是研究人对于生态环境（包括自然、社会、文化环境）的审美观照，关注生态环境具有的美感形式，人对环境的纯粹审美活动和人的美感获得；并且根据生态世界观，按照美的规律，为人类营造和谐、平衡和诗意的生活环境，如聂振斌、仪平策、李欣复和陈望衡等就持这一观点。另一种认为生态美学是以生态学的整体性、主体性的思维方式，反思当下美学领域的理论困境，以建立新的适应社会发展需要的存在论美学理论形态。持这一观点的有韩德信、曾繁仁、刘成纪等人。以上关于生态美学的表述各有侧重，前者重点关注人与自然的审美关系，后者则侧重美学学科的学理建设。应该承认，两种界定方式各有其论域和合理性。但我们认为生态美学本身就是两种界定兼而有之，而不是两者分开。要对生态美学做较全面的界定，必须了解生态美学兴起的原因。

国内很多学者认为生态美学的兴起，是对于生态危机、环境破坏的存在论反应。这在某种程度上是有一定道理的。但是，这种迫在眉睫的现实需要其实并无助于改变美学本身的尴尬困境，相反地，其功利主义的欲望歪曲了生态美学，还会加深美学研究中越来越严重的学理困惑。生态美学毕竟不是生态学本身，它只能是美学的一种。所以我们有理由认为，生态美学的兴起，固然有生态危机带来的存在论的惶恐，但也是因为美学自身存在的学理困境所致，人们寄希望于生态美学对传统美学的革故鼎新。问题是生态美学能否肩负起这样的使命。换言之，社会发展过程中出现的与生态环境相关的种种危机，是生态美学的主要观照吗？或者说，作为一门学问，生态美学需要多大程度地介入现实的转换。不可否认，现代化进程取得了丰硕成果：物质丰富、科技进步、社会繁荣。但就像一把双刃剑，现代化也导致了巨大灾难：环境恶化，文化、精神空虚，艺术与审美的媚俗化。面对人与生态环境的矛盾，人类重新审视主客二分思维方式的缺失，人类中心地位受到了普遍怀疑，主体地位的绝对性受到了质疑，人们反思人是万物的尺度的现实可能性。人们的反思是多方面和多层次的，既涉及根本的哲学层面，认为自然、社会与万物都有其自身的存在价值即其内在价值，而不以人的意志（满足人的使用价值）为转移，更不仅仅是为了满足人的功利性需要；也涉及对生态环境破败丑陋的外观的直接反思，试图重建美丽和谐的环境，生态美学的任务之一就在于此。在这种情况下出现的生态美学，其实是一种排除性话语，排除了从自然科学角度研究生态环境的生态学，也排除了从价值、权利义务角度研究人与生态环境的生态伦理学。然而，这并不等于说，生态美学可以将生态学、生态伦理学撇到一边，如果是这样也就无所谓生态美学了。事实上，生态学、生态伦理学恰恰是生态美学的基础。

当代美学自身存在的学理困境是生态美学兴起的另一原因。众所周知，当代英美美学研究，主要是用分析哲学方法界定艺术概念，澄清美学与艺术研究中的晦暗和混乱，但这种形式主义、科学主义的分析和界定之途面临着巨大困境，出现了艺术、美学研究的文化转向，转向实践生活方向。而在国内，美学研究陷入了实践美学与后实践美学的论争，前者过多强调人的社会性与实践的理性、客观性等品格并将其推向极致，而后者则流于个体化感性生命的感性和自由的滥用，两者都陷入了主客二分思维方式所导致的困境。这反证了生态美学之基础的重要性。生态学、生态伦理学均指向联系、整体、系统等概念，从不暗示主客二分，甚至万事万物都存在某种必然的联系。而无论中西，美学研究都面临自身的学理困境，都有违美学为人的存在提供诗意栖居的本意，也不关乎人的自由，这样的美学是僵化的、机械的、没有意义的，因而人们呼唤美学转向。

但是转向何方呢？海德格尔在其《技术的追问》的演讲中，认为人类中心主义泛滥与自然生态的破坏导致人类处于尴尬的境地，但人还是以地球的主人自居，这将使得人类进一步把自己置于危险境地，人类在极度危险中存在着救度的可能性，他引用荷尔德林的诗“但哪里有危险，哪里也有救”，并说道“那么就毋宁说，恰恰是技术之本质必然于自身中蕴含着救度的生长”，那就是呼唤一种与技术的栖居相异的“诗意的栖居”①。美学研究之途的不通畅，人们归因于传统的形而上学的思维方法，即主客二分的思维方法。因而，人们认为美学研究要另辟新局，则首先要谋求思维方式的转变。而生态学的整体性思维方式，强调人与生态环境之间的主体间性（Intersubjectivity）和相互依存，是一种存在论的思维方式，这样的路径与生态学、生态伦理学所主张的方向是一致的，学者们的思想在这里

① 《海德格尔选集》（下），三联书店 1996 年版。

获得了高度的统一，人们寄望于生态美学成为一种可以重新缔造人的诗意家园的美学理论形态。

所以，生态美学并不是生态学与美学的简单结合，而是深度交融，是一种有其肌理、有其生命且相互影响、相互渗透乃至"享受生命"般的联系方式。"生命蕴含着自我享受的某种确定的绝对性"，生命存在的个体性是一种把许多材料纳入一个存在统一体的复合过程，生命蕴含着由这个纳入过程产生的绝对的、个体的自我享受。① 从生态伦理学的视阈看，生态美学也需要与生态学深度相融，取生态学之精髓，运用生态学的理论和方法研究美学，也是用美学的眼光审视生态环境，从而形成一种崭新的美学理论形态。中西方生态美学的应运而生，都明显受到了生态学的影响，都把美学的理论基础建立在生态学的基础之上。因而，认为生态美学研究既不是单纯研究人与生态环境的生态审美关系，也不单纯是建立新的适应社会发展需要的存在论美学理论形态，而是两者兼而有之。一方面，研究人对于生态环境的审美，按照美学的规律营造生态环境，并形成生态美这一重要范畴；另一方面，以生态学的整体性的思维方式，恢复美学的存在论意义。而当下国内生态美学界定都只看到一个方面，失之片面。

三、生态美学的哲学基础以及思维方式的研究

生态美学研究的哲学出发点是什么呢？不同学者的回答有所不同，但归结起来不外以下几种。一种认为生态美学的哲学基础是中国传统智慧中的道家哲学。如一种观点认为，生态美学是以大道形而上学为哲学基础，或者说是向着本源性的大道回归的美学，所谓大道是指终极真实的存在，或现实世界的本来面目。另一种观点认为生态美学的哲学基础是中国古代天道观，以遵循万物运行本性为终极境域。也有观点则将生态美学的哲学基础归为外国的某些哲学思想，如存在主义、现象学或者人类学，认为人类学作为一种现代思维范式，突破了主客二分的思维框架，因而是生态美

① 怀特海：《思维方式》，商务印书馆 2013 年版。

学的哲学基础。当然也有观点认为，生态美学的哲学基础是生态学和生态伦理学。

在西方，生态美学在某种意义上就是环境美学。生态美学的确因生态危机而兴，自然环境美成为其重要的研究对象，西方美学也正是在这一背景下开始思考环境审美的特点。国内生态美学研究者认为中国传统哲学中的生态智慧与西方存在主义、现象学等具有某种学理的相通性，因而在具体论述时，他们主张不分彼此，互取其长。总之，在思维方式上，人们希望突破传统的笛卡儿、牛顿的二元论、机械世界观，要求打破西方的主客二分的思维传统，反对人类中心主义。生态美学研究者所借鉴的哲学基础的立论点都是天人合一的思维方式，强调作为自然一部分的人如何在整体性的自然界中与他物协调发展。人们对生态美学哲学基础和思维方式的研究中，隐然含有这样一种内在的逻辑：环境破败、人类的生存危机、美学的理论困境，都是因为以往主客二分的思维方式的失误，所以要解决这一系列问题，只有寻求思维方式的彻底改变，即从二元论、主客对立的思维方式转向天人合一的思维范式。其实这种观点可能失之偏颇了。思维范式是重要的，但是更重要的可能是是否具有生态文化价值观。并且，为了确立其逻辑的合理性和合法性，人们将人类历史追溯为一个从二分范式向天人合一范式的转变史，这也有简单化的倾向。

历史并不存在绝对的、永恒的原则和状态；在对人的生存发展问题进行历史评价时，应坚持历史进步尺度和人道主义尺度矛盾统一的原则。因为所谓“历史”，只能是与人类的生存发展有关的时空存在，没有人类，也就没有历史；但这并不代表所有的历史仅仅是人类自身的历史。历史是曾经的时空存在，而人类参与了历史的创造，并将继续参与对历史的创造，这就使得人类与其所处的环境有了一种密不可分的关系：一方面人类的活动影响了环境，另一方面环境也影响了人类的活动。有史以来，人类逐渐找到了一条与环境相得益彰的有效途径。马克思讲过，人们自己创造自己的历史，但是他们并不是随心所欲地创造，并不是在他们自己选定的条件下创造，而是在直接碰到的、既定的、从过去承继下来的条件下创造。这一结论既承认了人的主观能动性，又强调必须接受客观世界的制约。

问题是，这种转换是否可能呢？也就是说在经历了长时间的主客二分之后，重回天人合一的主客无间状态是否可能呢？非人类中心主义或者说生态中心主义是否可以真正取代人类中心主义呢？对此，我们应该极其谨慎地考虑。任何阶级社会中，人与自然的矛盾始终存在，人虽然来自于大自然，但是如果要把道德关怀从人拓展到万物，在相当长的时间内，在相当普遍的社会群体内，都是一个异常艰巨的任务。至少目前看来，人把道德关怀的边界向着有利于其他生命形式的方向转变，在不同的群体那里的反应可能是不尽相同的。例如，不是所有人都可以做到“像山那样思考”。换言之，可以理论地认为人是自然界中普通的一员，但当人类为了自身的生存需求而向自然界索取时，是很难继续坚守非人类中心主义的。这首先因为以对象性思考为特点的理性具有不以人的意志为转移的强大生命力。按照英国社会学家吉登斯的观点，现代社会作为一个高风险的社会，本身就是按照理性建构的，人们依凭理性反思和组织生活。在现代社会，让人放弃理性或者反思是绝对不可能的，对于理性的放弃就是对于生活本身的弃绝。其次，人作为价值判断的主体，审美作为人特有的一种能力，是不可能完全真正实现所谓的天人合一或者非人类中心主义的。人们现在能够接受的只是用合理的人类中心主义取代不合理的、无所禁止的人类中心主义；人类对自然的亲和态度是为了人自身的价值，而非人类中心主义则是换位思考的习惯导致的。生态美学出现在生存危机直接影响了人生存的时候，目的是为了搭建人与自然之间和谐、平等的平台，是为了人自身的可持续发展，这是一种理性的选择，而不是一种根本的思维转换。对于人类来说，彻底的思维转换是不可能的。

四、生态美学视野中人与自然的关系问题

人与自然的关系一直以来就是美学研究的主要问题。中国古代的审美观点在此不复赘述。从古希腊开始，就有着朴素的自然全美或者宇宙全美

的观念，毕达哥拉斯学派认为人与自然的和谐就是美，古希腊著名的模仿观念的理论前提就在于认为自然是美的，充满活力的。18 世纪、19 世纪的欧洲浪漫主义文学和风景绘画中，以及在19 世纪末北美环境改革运动者那里，对于自然美的欣赏和虔敬随处可见。但是，自然本身具有的审美性质和审美价值却在近代工业文明的铁蹄下消失殆尽。在功利主义的驱使下，任何不能带来现实经济利益的所谓的虚妄的东西都被认为是没有意义的对象而被悬置起来，文学艺术在人类的生死攸关中并不是优先选项，很长时间内，由于社会历史条件的限制，如同物质永远是第一位的那样，精神也永远是第二位的。也就是说，美和美学从来都是为了满足人类的娱乐需要而存在的，而娱乐需要很长时间内都只能是一种边缘需要。所以单靠生态美学并不能解决因生态危机而导致的水土流失、荒漠化、环境污染等一系列问题，相反地，由于生态美学的“无用性”可能导致自然本身的审美性质和审美价值的一同消失。

必须重新回到生态学和生态伦理学的观照下，生态美学才有其意义。20 世纪中叶以来，特别是最近数十年来，人类将自然作为自身发展可功利性诉诸的资源，任意宰制、改造和利用，河流、三角洲和原始森林遭到广泛破坏，若干宝贵的基因库陆续消失。生态学和生态伦理学作为生态文化的主轴，对纠正人类的种种失误发挥着重要作用，并深刻地影响了当代新美学建构。生态美学运用生态整体观念，将人与自然置于一个有机统一的整体中，动物、植物、微生物都是这个整体中合理存在的一部分，都拥有自己的价值和意义，拥有自身存在的权利，强调人与自然的主体间性。通过肯定自然本身具有的审美价值和意义来确定具体的保护措施，按照美的规律重新建构危机重重的世界。自然价值更栖息在它们的生命力中，在它们的奋争和热情之中，在这种意义上我们经常说起一种可爱的或者不可爱的生命的尊严。或许我们应该说我们发现所有的生命都是美丽的。

我们看到，中国生态美学虽然强调了与西方生态美学的差异，但是在理论资源上都是来自西方环境美学研究。应该说，国内生态美学研究中关于人与自然的关系包含两种意义：一方面是强调自然本身具有不以人为转移的审美性质和价值；另一方面，人必须尊重自然的美，并且节制欲望，按照美的性质来建构自然，最终生活在美的环境中，获得审美愉悦，舒展生命力。学者们在强调自然美的独立意义时，显然受西方当代环境、景观美学对于自然全美的观点的影响。这是长期以来的惯性做法，即以西方理论为圭臬，由此出发构建中国的话语体系。从长远来看这是极其有害的，我们必须尽快建立起属于自己的话语体系。可能当代西方自然全美的观念在某种程度上和中国传统生态智慧中对于自然的态度有相通之处，所以易于被国人接受和借鉴，同时我们也必须立足于传统文化，增强文化自信，通过对发生在我国大地上如火如荼的生态文明实践的研究来汲取养分，形成自己的生态美学话语体系。

所以当代国内生态美学论及人与自然关系时可能存在如下的几个问题：例如，当触及恢复自然本身具有的审美性质和价值时，人们诉诸人的自我克制。他们认为自然本身具有不以人为转移的美，具有其内在价值，不论我们是否承认，这种美都是存在的。同时，自然美的存在并不注定要为人类服务，没有人类的干预自然美可能发展得更好、更安全。如果从这样的视角去看自然，我们可能会给予自然充分的尊重。自然界中的万事万物都是有其尊严的，它们都有不被打扰、不被干涉的自由和权利，如果我们能够与自然达成和谐，那么最终的受益者必定是双向的。就人类本身而言，一定是通过与自然的和谐相处而获益良多。当然，我们尊重自然，不代表从此拒绝利用自然，这也是不可能的，人本身是自然物，人的发展必然有赖于从自然界当中汲取能量。从生态学和生态伦理学的角度，应该构建这样一种生态美学：那就是有节制地对自然加以利用，逐渐形成只为生产必需来利用自然的意识，逐步排除为了边缘需要而利用自然，如此可以引导人类尊重生命，尊重生机，尊重人与自然的和谐秩序，并在此基础之上实现人类真正的可持续。

五、从生态美学出发对于实践美学的批判

自 20 世纪 90 年代起，围绕着实践美学的理论走向，探讨当代中国美

学的走向成为美学界的热门话题，不同论者对此提出了不同的甚至是截然相反的观点。生态美学的兴起为人们提供了一个可供选择的方向。有学者认为生态存在论美学观是在我国美学由实践美学到后实践美学以及由内部研究转向外部研究的美学转向的过程中产生的。生态存在论美学是对实践美学与后实践美学讨论胶着状态的突破。有学者将生态美学作为实践美学失利、后实践美学又无力担负美学重任之后的美学突破和理论自救的重要理论尝试，认为实践美学并没有跳出客观论美学的圈子。而以弥补实践美学的理论缺失为己任的后实践美学或者称为超越美学（包括存在论美学和生命美学两股支流）又没有跳出主观论美学的圈子。因而两者都没有跳出主客二分的思维圈子，各持一端，莫衷一是。

这些问题我们在前面已经讨论过。如上所述，中国当代美学在实践本体论之后提出了生命本体论的构想。这种美学的人学研究，分别以对主体性和个体性的强调形成一个相互补充的框架，都没有突破主客二分话语体系。在当代生态问题越来越严峻的背景下，这两种人学化的美学明显因其强烈的人类自我中心主义色彩而显得狭隘，它们更多关注人的主体地位和人的当下生存，而对人与自然之间怎样和谐共存的问题，以及自然本身审美价值独立性的问题，却没能做出令人信服的理论阐释。因此，确立万物皆有生命的观念，承认万物各有其主体性，是形成新型人、物关系的前提，也是生态美学对实践美学和生命美学进行新一轮超越的伦理基点。

其实问题的症结依然是如何看待生态学和生态伦理学的内涵及其效用。我们要善于接受生态学尤其是生态伦理学对于生态美学的指导作用，生态美学当然不仅仅是为了完成对生态文学的批评而诞生的，生态文学、生态艺术，都是人的精神产品对生态科学与生态思想的反映，在生态伦理学的指导下，生态美学完全能够发展得更好。没有必要过分强调人类中心主义和非人类中心主义的区别，从中国古代生态思想来看，是否以人类为中心并非争论的焦点，因为完全排除人的中心是不可能成立的，离开了人类自然界的美或者不美没有意义，所以最终的落脚点只能是人，更好的人，更美的人，这就是生态美学的意义之所在。

在中国数十年来的美学研究中，生态美学无疑是最富号召力也最具理论创获的。这一学科分支之于中国当代美学的意义，不仅在于它对当代社会广泛关注的生态问题做出了及时的理论回应，而且也在于美学在经历了20世纪90年代漫长的沉寂之后，借此找到了新的理论增长点。例如，曾繁仁先生2009年在《论我国新时期生态美学的产生和发展》一文中，曾对其理论贡献和未来发展有详细的总结和展望，兹不赘述。这里需要注意的是，在所有这些著述中所呈现出来的观点，依然有些许不足，那就是并没有很好地吸收生态伦理学的精髓，还有生搬硬套的痕迹，还有两分法的痕迹，而这是我们以后必须逐渐加以解决的。

生态美学虽然在美学层面离不开作为审美体验者的人，在价值层面更是以人的生存幸福为最终目的，但对自然对象的科学认识却是它成立的前提。作为从自然出发的美学，它的最重要的理论贡献，应是基于自然的整体性、有机性和生物多样性对自然美做出的新诠释和新判断。至于人与自然的审美关系问题、人存在的幸福问题，已天然地包括在对自然美的重新认知和发现中。也就是说，只要完成了自然美的生态定位，人与自然的关系必然是迎刃而解的。让生态美学奠基于作为审美客体的自然对象，是防止其陷入不着边际的理论空谈的有效手段。以这种客观认知为基点，向上可以通过对自然本性的审美反省，建立生态美学的本体论；向下则可以落实到环境美学和景观美学，为环境保护和景观设计提供具体的理论指导。美国美学家阿诺德·伯林特之所以将环境美学称为应用美学，俄罗斯美学家曼科夫斯卡娅之所以在对西方生态美学的介绍中主要谈及环境美学，原因就在于自然环境的重造，是生态美学介入现实实践的必然选择。国内学者非要在生态美学与环境美学之间做出人为的划界，明显是因为对两者的体用关系缺乏必要的洞见。

应该说西方20世纪逐步兴起的环境美学是一种新的美学形态。关于环境美学的兴起，加拿大著名美学家艾伦·卡尔松与芬兰美学家瑟帕玛都做了很好的论述。卡尔松在《自然与景观》一书中认为，环境美学起源于围绕自然美学的一场理论论争，主要是英国学者罗纳德·赫伯恩发表于1966

年的一篇题为“当代美学及对自然美的忽视”的文章。这篇文章主要就分析美学对自然美学的轻视予以抨击。卡尔松认为，这篇论文为环境审美欣赏的新模式打下了基础，这个新模式就是，在着重自然环境的开放性与重要性这两者的基础上，认同自然的审美体验在情感与认知层面上的含义都非常丰富，完全可以与艺术相媲美。① 那么，以自然美研究为中心，本体论层面的自然主义，认识论层面的科学主义，目的论层面的实用主义，基本代表了西方当代生态美学的理论取向。一般说来，传统认识论有三个基本特征：一是意识理性主义倾向，二是静观求知的倾向，三是抽象思维的倾向。② 然而生态美学是现实的，而不是观念的；是存在的，而不是逻辑的。这里还值得我们注意的是，西方自黑格尔以来形成的艺术哲学传统，也使艺术理论如何向自然拓展成为西方生态美学关注的重要命题。例如，西方 17 世纪、18 世纪风景油画对自然美欣赏趣味的影响，19 世纪浪漫主义思潮与西方对于荒野的审美认知，如画式欣赏与生态审美的关系等问题，在相关生态或环境美学著作中均有涉及，甚至被视为生态美学的理论起点。从美学史的角度看，这种理论探讨是十分重要的，它使生态美学在美学框架内获得了正当性，意味着美学的历史并没有因自然生态的加入而断裂，而是继续保持着连续和自律。与此比较，国内的生态美学似乎更强调此一理论“横空出世”的特征。新时期以来，似乎每出现一种社会问题，就会有相应的美学形态与之呼应。这种应景式的美学创造，由于既缺乏科学认知的基础又缺乏美学史的理论依托，往往沦为大而无当的理论空谈，社会问题的变化则直接导致理论的死亡或泡沫化。目前中国的生态美学研究，虽然看似已经逐渐度过了这种只重首创不重理论经营的危险阶段，但缺乏认知基础和历史支撑依然是它面临的最大问题。

六、生态美学的哲学道路与基本理论问题

西方生态美学注重科学认知和实践应用的取向，使其与中国哲学化的

---

① ［加］艾伦·卡尔松：《自然与景观》，湖南科学技术出版社 2006 年版。

② 俞吾金：《实践诠释学》，云南人民出版社 2001 年版。

生态美学方式产生了几乎难以消除的差异。但是，这种差异的存在，并不意味着对于生态美学的哲学反思缺乏意义，更不意味着中国学者的选择就必然错误。相反地，由于当代的生态景观设计、环境美学研究更倾向于应用，而且景观、环境之所以在当代美学中成为重要问题，归根结底是因为从生态美学获得了理论灵感。不过我们一定要避开“环境就是生态”这样的认识误区。环境只是生态的一角，生态的内涵从来就是整个自然界。从这点来看，生态美学在当代的任务不但不是放弃进一步的理论研究，反而是要在理论研究上做出新的更大的贡献。同样地，中国当代生态美学研究中存在的问题也不在于它的哲学化，而在于选择的哲学路径出了问题。

是否可以这样理解：与西方被景观、环境等充满人类中心主义意味的词语限定的自然美学相比，生态美学在理论上确实要走得更远。景观、环境，单从字面就可以看出，前者是以自然之景诉诸人的感性直观，只涉及对象的形式而不涉及内容；后者是指由自然的环绕所形成的审美化的生存境域，偏向于自然为人而在的功利价值。比较言之，两者都缺乏一个必要的维度，即自然作为它自身存在、独立于人的观赏和价值判断之外的自律特性。就自然首先自在，然后才为人而在的一般逻辑顺序而言，生态美学显然更具有原发性，也更触及自然美的本质。同时，在自然与人的关系层面，生态美学也涉及人的生存问题，尤其中国的生态存在论美学更是将此作为美学要解决的核心问题。这中间，自然到底是自在还是为人而在，美到底属于自然的自性还是为人而在的特性，人到底是自然的组成部分还是超拔于自然之外，这些问题，如果想在理论上得以解决，显然超出了一般景观美学和环境美学所能承载的理论内容，而需要从生态的角度给出一个有说服力的哲学回答。但同时必须注意的是，生态美学毕竟又不同于一般意义上的生态哲学，它的哲学化必须是被美学限定的哲学化，否则就会导致理论的无限泛化。可以认为，目前中国生态美学研究之所以在理论上难有进展，原因就是它一方面自我认定为美学，但却流于哲学的一般论述，忽略了美学介入生态问题的独特性。那么，在美学内部生态美学需要解决的基本理论问题到底是什么呢？它又应该沿着怎样的哲学路径切近这些问题呢？

首先，关于自然生态向审美生态的转换。如上所言，自德国学者海克尔以来，生态学最重要的理论贡献就是改变了工业文明所秉持的机械自然观，开始将自然作为一个有机关联的生命整体来看待。也就是说，整体性、有机关联性以及生命过程性，是生态学把握自然及其与人关系的几大关键词。但是，就这种生态学为自然规定的一般特性而言，却和美学存在矛盾。例如，生态学强调整体性，但审美活动却必须在具体的活生生的感性形象中进行；生态学强调自然事物的相互关联，但审美活动却需要对审美对象进行必要的孤立；生态学强调自然生命的过程性，但审美活动却一般倾向于静观。从西方相关理论文献看，这些矛盾所彰显的生态学与美学的非兼容性，是制约生态美学在西方获得长足发展的根本原因。也就是说，生态学的整体、关联、动态的自然观，在根本上与传统美学的观照是截然不同的两个话语体系。自然在相互关联中形成的视觉的无边际性，使注重形式审美的西方美学对它无从置喙。正如美国学者高斯博特所讲：尽管生态美学的时代已经到来，而且它是个不错的理念，但要直接采用这一理念却比较困难，因为风景美学观念在我们的研究、实践乃至社会文化中相当普遍，它很难短时期获得全面改观。

那么，如果解决不了形象问题或人对对象的审美感知问题，它就背离了美学作为感性学的基本规定。对此，西方美学界采取的解决方案有两个：一是将生态理念纳入传统的环境或景观美学的理论框架中，用环境和景观的具体可感性克服生态审美的无形式；二是通过美学理论自身的调整使其与生态观念兼容。像阿诺德·伯林特的参与式审美，所要解决的就是自然的形式审美与整体关联之间的兼顾问题；卡尔松强调自然知识对审美的先导性，也无非是因为科学认知可以为无边际的自然建构出一个可以被审美经验接纳的范式。但很显然，经过这种形式性的建构，生态也就沦为了景观和环境，丧失了生态审美的独特性。

生态性的自然，因为溢出了人的审美经验的框架，所以它通常是无形式的。但这里所谓的形式，显然只有在康德开启的主体论美学的背景下才能获得合法性。换言之，我们也可以说一切自然皆有其形式，它并不是人以经验对自然的重构，而是自然以其内在的生命向感性形式的绽放或涌出。可以认为，生态美学无论在西方还是在中国，它要解决自身显像或形式审美问题，同时又区别于景观和环境美学，就必须在西方主体论美学之外找到关于形象问题的合理论述。对此，一种生态中心主义的美学立场是存在的。例如，在自然的整体性、关联性及过程性中，一个贯串性的东西就是自然内部的生命动能。也就是说，正是对生命的拥有才使万物成为一个相互关联的整体，并表现为不断发展变化的过程。以这种自然生命为基础，我们同样可以认定，自然物的外观是其内在生命向外涌现的自在形式，然后才是因与人形式经验的相遇而做出的美丑判断。如此，所谓生态，就是自然生命的本然样态；所谓生态审美，就是关于这种生态形象的审美。它以显在的特征见证自己的生命本源，又以原生态的形式对人固有的审美经验形成考验。

其次，生态自然观与自然审美边界的拓展问题。虽然生态美学的最终目的是重建人与自然的关系，但它和传统美学的最重要区别却应是对自然美边界的拓展。如果不过分强调生态美学的学理性，我们似乎可以按照这样的思路继续讨论：既然生态学是涉及了宇宙万物的一门学科，包括人类在内的一切生命形式都是一个整体，那么人类所有物质的、精神的创造也无疑应该符合生态学的方法论。这个方法论很大程度上可以用生态伦理学来加以阐释。无论我们所处的时代和社会背景如何变换，人与自然的亘古关系是一定会延续的，人类社会的一切对于美好的向往也必然受这一关系规律的制约，凡是符合这个规律的，就有审美上的优势，就一定是美的，反之则不然。

第四章　人类中心主义发微

人类从历史时期的远古走来，从总体上看，没有把自己放在自然的对立面，由于科技手段的低下，也没有造成对自然的实质性伤害。人类固然有改天换地、战天斗地或征服自然的豪迈姿态，但那仅仅是一种姿态而已，如果反映在思想上，也仅仅是一种呓语而已，并未成为现实。因此，传统的人类中心主义，西方的也好，东方的也罢，都更多的是一种学理。只是在农业文明末期，兴起工业革命之后，人类与自然的关系才逐渐紧张起来，而人类对科技手段的迷恋加强了人类中心主义的某些特征，或者说使生态中心主义从仅仅是一种学理上升到国家决策和法律的层面，因为这一思想的确影响了大批手握权柄的统治者，从资产阶级到资本主义，再到帝国主义，正是在他们手上（至少是主要的原因），地球生态的面貌发生了根本变化，全球性的生态危机之发源地绝不是贫穷落后的国家和发展中国家，而是发达国家。诚然，对生态文化的现代反思，也是从西方发达国家开始的，这必定与发达国家在日益严重的生态危机所带来的伤害面前首当其冲的原因密切相关。无论如何，重新审视人类中心论，对其导致生态环境灾难性后果进行认真的反思，是非常有意义的。

一、从天地之心到万物之灵

连篇累牍的关于人类中心主义的批判，出发点可以说都是“言必称希腊”，似乎人类中心主义果然是十恶不赦的异端邪说了。我们认为西方式的人类中心主义并不能代表人类中心主义的真谛，人类中心主义不应承担如此多的误解和骂名。至少，即使按照西方式的人类中心主义概念来看，人类中心主义也绝非从一开始就一无是处的，奉行人类中心主义更非荒诞不经或大逆不道之事，难道在生存环境极端恶劣的远古，要求人类以身饲虎，只要与自然界发生冲突，就该自我牺牲吗？难道只有这样才是正确的，否则就是大逆不道的行为方式？难道不是得益于传统的人类中心主义，人类社会才一步步发展壮大并走到今天的吗？正如我们前面所表达的见解那样，如果需要否定人类中心主义，也要首先弄清楚究竟是怎样一种人类中心主义。

中国古代的生态伦理思想很早就形成了自己的体系，儒家生态思想的确立对这一体系的形成发挥了独特的作用。儒家尊崇人类中心论，以“人为天地之心”。“天地之心”的提法，首见于《易·彖传·复》“复，其见天地之心乎”，但此时尚未同人直接联系起来。《礼记·礼运》第一次提出人是“天地之心”的观念：“人者，天地之心也，五行之端也，食味别声被色而生者也。”以人为天地之“心”者，就是以人为天下万物之灵，万事万物之中心，此乃儒家对人在宇宙间的哲学定位，具有非同凡响的哲学史意义。那么，为什么单单是人，而不是其他别的什么生灵，是天地之“心”呢？这是由人之所以为人的独特品质所决定的，人之所以为人，乃是因为自然——天之所赐，秉承“五行之秀气”①，“人有气有生有知亦且有义，故最为天下贵”②，“惟人独能为仁义”③，由是具备了神圣的资格，故能为“天地之心”。同样地，正是由于人独得天地间“五行之秀气”，因而人就是“万物之灵”。《尚书·泰誓》云：“惟天地万物父母，惟人万物之灵。”宋人欧阳修曰：“人者，万物之灵，天地之心也。”④ 明人王阳明曰：“故曰：人者，天地之心，万物之灵也。”⑤ 宋人陆九渊曰：“天地之性

① 《礼记·礼运》。
② 《荀子·王制》。
③ 《春秋繁露·人副天数》。
④ 《欧阳修集·附录四·记神清洞》。
⑤ 《王阳明集补编·卷五·年谱附录一》。

人为贵，人为万物之灵。人所以贵与灵者，只是这心。”①

或曰，以人为天地之心，万物之灵，是否有人类沙文主义之嫌？其实古代中国的生态伦理思想可谓博大精深，源远流长，一以贯之。通观一部中国古代史，便可知这种生态道德是与中华民族的传统文化一脉相承的，以“仁”为标杆的中国古代哲学，包含着深刻的人文底蕴，而人与人、人与社会、人与自然的关系，是为“仁”的重要证明。以儒家为例，先哲们从未讳言人的特殊重要性，但是也从未机械地看待人与自然等生态关系，他们相信人具有不可逾越的管理禀赋，辅之“内省”与“慎独”，便使其足以在处理各种关系的过程中游刃有余，从容不迫。就像同种内的某种秩序是该种赖以生存的重要前提那样，任何一个种群都必须有一个统一的头领并顺从其威权，作为天地之心的人也自然可以成为整个自然界全部种群的“头领”，这丝毫也不能影响人之为“仁”。同样地，为了人的利益，更好地利用万物的某些剩余价值，这是无可厚非的。

《列子·说符》有这样一条记载：“齐田氏祖于庭，食客千人。中坐有献鱼雁者，田氏视之，乃叹曰：‘天之于民厚矣！殖五谷，生鱼鸟以为之用。’众客和之如响。”观“众客和之如响”一句，可知将万物视为上天对人类的恩赐的看法是由来已久且相当普遍的。在荀子和董仲舒那里，这种自发形成的观念已经被理论化了。荀子把万物看成是人类的财富，他说“故天之所覆，地之所载，莫不尽其美，致其用，上以饰贤良，下以养百姓而安乐之”②，并一再强调要“财万物”，“财万物”以“养人之欲，给人之求”③。虽然荀子也主张在取用自然资源时要有所节制，使万物“不夭其生，不绝其长”④，然而在他看来，万物“不夭其生，不绝其长”，最大限度地为人类所用，这便是万物之“宜”了。正是基于这样的认识，荀子提出了“人定胜天”的思想，主张对自然界“物畜而制之”。董仲舒则从神

① 《朱子语类·卷一百二十四·陆氏》引。
② 《荀子·王制》。
③ 《荀子·礼论》。
④ 《荀子·王制》。

学目的论出发，阐述了天创造万物是为了为人类所用的观点。他说：“天地之生万物也，以养人，故其可食者以养身体，其可威者以为容服。”[1]“生五谷以食之，桑麻以衣之，六畜以养之，服牛乘马，圈豹槛虎，是其得天之灵，贵于物也。”[2] 在荀子和董仲舒看来，人贵于万物，人类的利益高于一切，因而人类为了自己的利益而自由取用自然资源，这是天经地义的事，即使是有所爱惜和保护，也只是为了人类的长远利益。

荀子和董仲舒在对待人与自然的关系上所持的态度，虽然看起来同西方古典人类中心主义的自然目的论相一致，但是，第一，这一派的观念只是全部儒学思想的一小部分，不能代表全部古代生态伦理思想；第二，就荀子和董仲舒的语境来看，只是针对性地就事论事，荀子和董仲舒分别属于战国和文治武功强盛的汉武帝时期，其时人对物质的需要激增，如何解决这些困难自然是哲学家们必须面对的议题。即使在这样的情形下，他们也没有为了人类的利益而罔顾其他。值得注意的是，荀子把可持续发展生态目标的实现寄希望于“圣人之制”。荀子认为，圣人上能明察于天，下能安排好土地，他作用于天地之间，影响万物；他既神明博大，又朴素简约；圣人始终能够以天下为己任，体察民情，明察秋毫。因此，他能够“治礼乐，起法度”“理天地，裁万物”，促进人与自然的可持续发展。

如荀子云“礼有三本，天地者，生之本也”[3]，这里的“礼”不仅是人类社会的原则，也是自然界的运行法则，人类社会和自然界都应当根据“礼”而存在变化，从而表现出共同的秩序性和规律性。因而，“礼”是“天人相参”的依据和准则。荀子说：“圣王之制也：草木荣华滋硕之时，则斧斤不入山林，不夭其生，不绝其长也。鼋鼍鱼鳖鳅鳣孕别之时，罔罟毒药不入泽，不夭其生，不绝其长也。春耕、夏耘、秋收、冬藏，四者不失时，故五谷不绝，而百姓有余食也。污池渊沼川泽，谨其时禁，故鱼鳖

① 《春秋繁露・服制像》。
② 《汉书・董仲舒传》。
③ 《荀子・礼论》。

优多，而百姓有余用也。斩伐养长不失其时，故山林不童，而百姓有余材也。”① 当树木正处于生长期时就不能肆意砍伐，遏制其生长；当鸟兽虫鱼处于繁殖期时，就不能任意捕杀，阻碍其繁衍生息。春天耕田，夏天除草，秋天收获，冬天储存，四季不耽误时机地耕种，五谷不断地供给，而且老百姓家中还有多余的食物；池水、深潭、湖泊、河流，严格规定鱼类的捕捞时间，所以水中的鱼特别多，而且除了百姓食用外还有多余；树木的砍伐、繁殖生长各不误时机，因此山林中的树木不秃，而且百姓还有多余的木材使用。可见，动植物的生长有其自身内在的规律性。只有按照其生长规律进行有节制的开发利用，才能使“五谷不绝”“鱼鳖优多”“山林不童”，百姓才能“有余食”、“有余用”和“有余材”。这样才能实现人和自然界和谐相处和可持续发展。

再如董仲舒，其伦理思想中，最著名的就是：“质于爱民，以下至于鸟兽昆虫莫不爱。不爱，奚足谓仁?”也就是说，如果仅仅爱人还不足以称为仁，只有将爱扩大到爱鸟兽昆虫等生物，才算做到真正的仁爱。他在《春秋繁露·离合根》中也强调了这一思想：“泛爱群生，不以喜怒赏罚，所以为仁也!”即广泛地爱护一切生物，才能表现出仁爱来。这里的“不以喜怒赏罚”是指不能搞人为的喜就赏、怒就罚，而应顺应自然，讲究自然之赏和自然之罚。可见，儒家的“仁”不仅包含了人与人之间，还包含了人之外的世间万物。而且，他还认识到水土流失与山林砍伐的关系，“春旱求雨……无伐名木，无斩山林”②。只有保护好名木山林，不要过分毁林开荒，才能风调雨顺，不出现“春旱”的现象。这些充满生态意识的哲思，足以证明其生态思想并非等同于西方古典人类中心主义的自然目的论，二者的确有本质的区别。

二、“仁”者爱人，亦爱物

关于孟子继承和发挥了孔子“钓而不纲，弋不射宿”的悲悯情怀，提

① 《荀子·王制》。
② 《春秋繁露·求雨》。

出“亲亲而仁民，仁民而爱物”，主张把原本只适用于人类社会的道德原则和道德情感贯注于无限广大的宇宙万物，本书前面的章节已经有论述。这里着重谈一谈宋明理学家的生态思想。学界认为，宋明理学家将孔孟的仁爱思想和“人者天地之心”这两种思想融会贯通，最终完善了以“仁”为核心内容的人类中心论。[①] 那么，这一人类中心论究竟是怎样呈现的呢？它与西方世界所传承的人类中心主义是殊途同归，抑或各有千秋？从生态伦理学的角度看，发展至宋明，成就于理学家的人类中心论还有继续论说的余义吗？

事实上，真正的生态伦理，从本质上说，就是一种爱，一种为了爱的实现而承担的责任和义务，这一点在宋明理学家那里，早已阐述得淋漓尽致。人之生育，之死亡，和自然万物以某种既定的秩序共处，都是大自然的运动所致，不是人为之选择的结果，在这一共同秩序中，人有人的位置，万物亦有万物的位置。二程曰：“人在天地之间，与万物同流……”[②] 这就是说，人与万物虽然有所不同，那也是气质禀赋等方面的不同，属于种的不同，在天地之间是平等的，并无高下之别。然而，这只是说人不能凌驾于物之上，却不能事不关己高高挂起，不顾万物，人天生的“不同禀赋”就是比万物更有义务而已，“人”的名号本身就是一种光荣，要对得住自己在“天地间”的这份光荣。故二程又曰：“人与天地一物也，而人特自小之，何耶？”[③] 所谓“自小之”，就是人为了自我清净而罔顾其他生灵，在宋明理学家看来，这是不可以的，等于自贬身份，人应担当起全部的道义，“赞天地之化育”，承担起爱养万物的责任，方可为“万物之灵”。

既为万物之灵，必为万物尽责。这里，首先就是要学会谦卑为人，因为人本来就是天地间之普通一员，即使比万物站得高一些，看待万物时也要记住“万物一体”的道理。宋明理学家发展了孟子“仁民而爱物”的思

---

① 关于“心”者，老子主张“以百姓为心”，盖指在君王与百姓之间，百姓为重。《道德经》第四十九章，王弼注，见《百子全书》第8册，浙江人民出版社1984年版。

② 《河南程氏遗书》卷第二上。

③ 《河南程氏遗书》卷第十一。

想，“（仁者）以天地万物为一体，莫非己也”①。又曰：“若夫至仁，则天地为一身，而天地之间，品物万形为四肢百体。夫人岂有视四肢百体而不爱者哉？……医书有以手足风顽谓之四体不仁，为其疾痛不以累其心故也。夫手足在我，而疾痛不与知焉，非不仁而何？世之忍心无恩者，其自弃亦若是而已。”② 如此，天地间万物同为一体，作为万物之一，则万物即是自身，与人血肉相连，休戚相关，因而人就必须如爱护自己的手足般地爱护万物。二程认为，从大处着眼，万物是需要一个知手足之痛的“心灵”的，这并无任何不妥，如四肢，其痛感由心知，心知则养伤，是有利于肢体的。关键是人要符合真天地之“心”之身份，不违良心，不行亏心之事。

王阳明从良知之角度重申“天地万物本吾一体”，“盖天地万物与人原是一体，其发窍之最精处，是人心一点灵明。风、雨、露、雷、日、月、星、辰、禽、兽、草、木、山、川、土、石，与人原只一体。故五谷禽兽之类，皆可以养人，药石之类，皆可以疗疾。只为同此一气，故能相通耳”③。在此意义中的“天地万物”则应包括山川草木、飞鸟禽兽在内，庞大繁富，但唯人是“心”。“夫圣人之心，以天地万物为一体，其视天下之人，无内外远近，凡有血气，皆其昆弟赤子之亲，莫不欲安全而教养之，以遂其万物一体之念。”④《传习录》以对话体的形式记录了阳明门人对此一问题的困惑以及阳明的回答：

问：“人心与物同体，如吾身原是血肉流通的，所以谓之同体，若与人便异了，禽兽草木益远矣。如何谓之同体？”

先生曰：“你只在感应之几上看，岂但禽兽草木，虽天地也与我同体的，鬼神也与我同体的。”

……先生曰：“你看这个天地中间，什么是天地之心？”

---

① 《河南程氏遗书》卷第二上。
② 《河南程氏遗书》卷第四。
③ 《王阳明全集·卷三·传习录下》。
④ 《王阳明全集·卷二·传习录中》。

对曰："尝闻人是天地之心。"

曰："人又什么教做心？"

对曰："只是一个灵明。"

"可知充天塞地中间，只有这个灵明，人只为形体自间隔了。我的灵明，便是天地鬼神的主宰，天没有我的灵明，谁去仰它高？地没有我的灵明，谁去俯它深？鬼神没有我的灵明，谁去辨它吉凶灾祥？天地鬼神万物离却我的灵明，便没有天地鬼神万物了，我的灵明离却天地鬼神万物，亦没有我的灵明。如此，便是一气流动的，如何与他间隔得！"①

王阳明的观点是非常明确的，如果没有作为"天地之心"的人，万物的疾痛又有谁来关切呢？万物的危难又有谁来解救呢？如果人在天地之间不是居于"心"这样的特殊地位，而是同万物没有区别，又如何能对人提出特殊的道德要求呢？这就是"人为天地之心"的伦理学意义。

天地本无心，是人"为天地立心"②，可知"天地之心"是人对自己在天地间的价值定位。将人定位为"天地之心"，并无任何功利主义的目的，它只是伸张了一种人对待万物的态度。这与中国传统文化中的侠肝义胆、乐善好施、古道热肠是环环相扣的，如此定位的人，视万物为与人同源、同构、同体而相感通，其行动就不会从自身利益着眼，而是心怀感恩，悲天悯人，不为统治万物、宰制万物而全，宁为维护万物而担当，义无反顾地充当万物的守护人。正如王阳明所言："仁者以天地万物为一体，使有一物失所，便是吾仁有未尽处。"③ 此即王夫之所称："自然者天地，主持者人。人者天地之心。"④ 人认识到自己身为"万物之灵"后，勇敢地担当起为地球"看家护院"的义务，实在是一种极高的道德诉求。虽然各个流派的说法稍有差异，但可以肯定的是，这样的"人类中心主义"并无任何不妥之处，因为其本质就是一个"道德中心"、"责任中心"和"义

---

① 《王阳明全集·卷三·传习录下》。

② 《张载集·拾遗·近思录拾遗》，中华书局 1978 年版。

③ 《王阳明全集·卷一·语录一》。

④ 王夫之：《周易外传·卷二·复》。

务中心”。从人类发展的历史进程来看，这样的“人类中心主义”不是太多，而是太少；面对人类共同的危机，时代呼唤中国式的人类中心主义，多多益善。

三、“大爱无疆”——中国式的人类中心主义

如此，我们大致可以清楚什么是中国式的人类中心主义，以及人类中心主义究竟要不要坚守。现在所能见到的论著，所能接触到的观点，几乎都是对人类中心主义的挞伐，众口一词，众目睽睽，众矢之的，颇有一些众怒难犯的味道。当代的生态危机，其罪魁祸首就是人类中心主义，所谓“庆父不死，鲁难未已”，论者是欲除之而后快。从现实来看，也的确长期竖立着一块靶子，供天下不忍义愤之士枪林弹雨般宣泄。但是，本书的观念是，错并不在人类中心主义，人类中心主义应是一个好东西，错就错在历来所奉行的并非真正的人类中心主义，是一种“疑似”人类中心主义而已。

与人类中心主义的概念是源自西方一样，其中的纠葛自然也与西方世界有关。在西方的人类中心论者那里，坚信伦理原则只适用于人类，人的利益是道德的唯一相关因素。按照这一逻辑，人对自然的任何行为都是合理的和可以被接受的，虽然自然不可或缺，但是自然只是工具、手段，是为人的目的服务的，这也是自然存在的全部意义了。中国式的人类中心主义则正好与之相反，“天人合一”本身就体现了对自然的尊重，人虽然脱胎于大地，然而大地是母亲，赤子需要大地，也爱护大地，这是极其合情合理的行为方式。说“天行健”，是人要学天，像天那样自强不息；说“地势坤”，是人也要学地，像大地那样具有厚重的品德，兼容并蓄，协同共进。在不断的反思、自省过程中，通过尽己之性、尽人之性、尽物之性这三个递进的环节，不断突破和超越，最终达到“赞天地之化育”“与天地参”的境界。在此意义上，我们可以感受到以儒家学说为代表的中国古代生态伦理道德的价值取向，那就是不断追求自我完善，从而达成与自然的和谐、同一。

西方式的人类中心主义认为，生命是分层次的，其中人的生命贵于其

他生命，因此必须得到比其他生命更为优越的待遇。从物质到精神，都对自然极尽利用之能事，为此而狂热地开发科技潜能，目的只是更广泛地利用自然资源。其引以为豪的重要依据就是人具有理性，具有智慧，这与中国古代生态伦理思想大相径庭。后者将理性和智慧视为对地球负有更多责任、道义的根据，因为只有人具有这样非凡的能力，所以才必须承担更多的义务。从儒家到道家再到佛家，这些在古老中国大地上萌芽、生根和壮大的学说无一例外地申明了自己对大自然和万事万物的尊重，与之息息相关的中华民族传统文化更是像水、像风那样浸润了生于斯、长于斯的炎黄子孙，使生态保护的理念深入人心，成为一个民族的行为准则。如儒释道精神特质中不包含“掠夺”或“侵略”因子那样，中国式的生态道德之下，是对世间万物的平等、珍惜，是一种人文关怀，一种超越物种的大爱、博爱。

西文“伦理”（ethic）一词来自希腊文 ethos。据海德格尔的考证，ethos的本义是逗留、栖居之所。古希腊哲人赫拉克利特有言“ethos anthropondaimon”，人们通常译为“人的性格就是他的守护神”，海德格尔指出这种译法是现代观念，而非古希腊的想法，照 ethos 的希腊文本义，这句话的意思是“只要人是人的话，人就居住在神之近处”。古希腊人所理解的神并非基督教人格化的上帝，而是普遍存在于天上地下、山林水泽和人间事物中的非凡力量，这些力量对人来说既亲切又陌生，它们塑造着一个地方的习俗和风尚。因此，海德格尔认为赫拉克利特这句著名的箴言应该译解为“（亲切的）居留对人说来就是为神（非凡者）之在场而敞开的东西”。从 ethos 的“栖居”本义来看，伦理的本质就是逗留于亲熟者之中，同时又对亲熟者之中的陌异保持敞开。

人在栖居生活中与之相亲又相异的存在不仅有他人、有祖先之灵，还包括草木虫鱼、天地山川。因此，原始的伦理就包括生态伦理，这一点我们从原始民族对植物、动物的图腾崇拜中也可以看到。

四、生态道德

道德是文化范畴的一个重要内容，生态道德也是生态文化的一个重要构成层面。在社会生态结构中，生态道德作为重要文化内涵首先呈现在精神生态结构层面，它起到衔接、维系，甚至凝合的作用，其最为重要的意义就是作用于人的思想及活动，它通过规范人个体的行为而拓展至规范人类行为，并致力于“生态人格”的塑造。所谓“生态人格”，本质上就是一种“生态中庸”心态，既不以“人”为征服者，也不以“自然”（环境）为被征服者，二者之间是友好的、亲和的。生态文化与生态道德的一致性就是要促使以生态道德机制规范人类自体的活动方式及行为发生，而谋求社会生态结构平衡；要通过这种平衡机制构筑人与自然生态环境的道德关系，以融合人的和谐自由的生存关系。

道德的善性也呈现中庸色彩的生态化、平衡性，道德生态运行要通过推进人的发展、社会的发展，而使社会不断趋于生态协调的发展状态。在此意义上，也可称为道德生态。从生态文化的系统整体性看道德的生态意义，其中道德生态关怀机制的建立不只对人自身，还针对人与自然生态的道德关系。其善性也不仅是对人的，对人类社会的生态协调，体现人的社会生态适应度，更要针对自然生态、生命共同体及生物多样性。道德的生态化要求人们必须明确，人的自组织性及社会发展的基本前提应该是自然生态及生命共同体的生态协调，而协调的根基就在于生物多样性，在于人的发展的生态适应度。人类对自然生态、对生命共同体、对生物多样性表现了善性，实际也就是对人类自身的善性。

对此，当代英国生态思想家布赖恩·巴克斯特（Brain Baxter）说：“如果自然界能够尽可能地多样化，对人类来说，他们的生命活动与自然界之间紧密联系的选择机会就越来越多。这些都是增进人类幸福生活的重要因素。要做到这一点，人们就要培育某种重要的道德关怀，以最为广泛地、最大程度地保护自然的多样性。不过，这是一个人类对于多样性拥有道德责任的问题，而不是一个按照多样性在于它本身而进行独立的道德权衡的问题。”

马克思说过：“意识在任何时候只能是被意识到的存在，而人的存在就是他们的实际生活过程。”① 从生态文化结构看道德生态化完善的过程

① 《马克思恩格斯全集》（第3卷），人民出版社1960年版。

性，这既是个体道德走向群体道德的实现过程，更是人际道德向生态道德活动的实现过程。后者表明道德作为伦理活动的主要存在机制，必须由人际伦理趋向生态伦理，使得人的一切活动必须在生态伦理条件下展开。从人类的生存与发展的整体过程看道德，人类的一切活动方式都在构筑人类的存在价值，要实现人类自我及人类在自然生态面前所应该有的品质与特性，并且人们往往在这种人类意识的规范及促动下，去践行人类行为，这理应是一个“应当”的过程。

但在生态伦理的视阈中，这种“应当”有时明显存有“正当”、“失当”与是否“得当”的多重复杂关系，同时也呈现一种道德价值与生态伦理价值是否一致的问题。道德“应当”的生态伦理化实现条件要求与人类“正当”的道德追求分不开，“应当”是一种道德评价，也是一种价值展示，它展示道德的“本然”状态及客观存在，实际也是人与自然生态的伦理关系的“本然”状态及价值存在。“正当”则是人本化的，是非道德的评价，因为它表现在人的生存与发展过程中，并体现人类自体的道德自慰及获取人类利益的可能性与合理性方面。人们是在这种自体存在条件下去评价人类活动的“正当”性及价值性。如果这种“正当”性偏离了生态伦理条件下的“应当”，以人类自体存在的价值准则归位生态伦理性的价值存在，显然是“失当”的，也是非生态合理性的。

从道德规范的角度看，生态伦理学确实向人们提出了全新的道德要求，它代表了一种新的价值取向。西方生态马克思主义者约翰·贝拉米·福斯特说：“面对全球生态危机的严峻挑战，许多人在呼吁一场将生态价值与文化融为一体的道德革命。我认为，这种对新的生态道德观的要求就是‘绿色思维’的本质。”这种“生态道德观”作为道德“应当”的生态伦理化及价值存在，实际也呈现着道德价值的生态价值化。道德价值的生态价值内容可以表现为以下几个方面：

（1）对个体生存活动的生态价值肯定。既肯定个体的人格权利，也肯定个体的生存权利，同时更要肯定个体在自然的生存环境中，在不违反社会规范，不侵犯他人与社会利益，不侵犯自然事物的权利，不危害自然事物、自然现象的生态化存在状态的前提下，行使个体的生存活动的权利。

（2）维护社会生态平衡的价值。社会生态平衡体系需要建立在自然生态平衡的前提下，作为人们生存的社会生态环境，这种平衡体系需要作为社会成员的个体之间的生态维护，而生态维护必须以道德维护为主，以求社会生态平衡系统中的道德价值的实施。

（3）自然生态道德价值。也可以说是生态伦理价值。对人的生存活动来说，生态伦理价值是外显的价值，其价值意义在于对自然价值的认同与关爱，它需要承认自然生态及生命的权利，需要认同生命共同体的价值，同时它还需要破除人类中心主义，解构人类欲望性、对自然的占有性的生存霸权主义，以求得自然生态的稳态运行。

虽然现代西方的人类中心论也承认人和其他物种都是生命共同体的成员，并主张人类有关心它们的义务，但此种义务又被看成是并非直接的义务，其他物种只是实现人类目的的工具，人对它们的义务只是人的一种间接义务，即可以还原或归结为对人的义务。人类的利益永远是第一位的，只有人才拥有内在的价值，只要有利于人的利益，自然物的利益是可以忽略不计的。实际上，在人的利益面前，自然物的价值充其量只是人的利益的一部分。这种观点直接导致了狭隘的环境主义，即当有利于本民族、本国度的利益时，其他地区的生态保护是必要的和可行的；但是当与本民族、本国度的利益相冲突时，则随时可以出卖其他地区的生态利益。这就是为什么西方发达国家热衷于把有毒废弃物和含有核辐射的垃圾向第三世界转移，在生态保护的幌子下继续自己奢侈的生活方式而要求发展中国家限制碳排放。这种生态霸权主义反映了西方文化价值本质上并不是“生态”的，它只是一种伪生态，对整个地球的生态系统是极其有害的。

德国社会学家马克斯·韦伯认为：“各种文化在不同地区的特征相差很大，人们可以根据最终的价值观和目的确立合理化的标准，从一种观点来看是合理的东西，在另一种观点看来可能相反，这就提出了各民族文化的相对价值问题。”这一思想极富启发性。此后，斯宾格勒和汤因比发展了韦伯的观点，推翻了西方文化中心论的观点，确立了各民族文化发展的新途径，也为打破历史研究中的一元价值体系和线性进化论观念提供了参考坐标。汤因比反对西方价值一元标准下的“文明统一”、“经济统一”、“政治统一”乃至“历史统一”说，认为“除了由于西方文明在物质方面的世界性胜利而产生的假象以外，所谓‘历史统一’的错误概念——包括那样一种推论，认为文明的河流只有我们西方的这一条，其余所有文明不是它的支流，便是消失在沙漠里的死河——还有三个来源：自我中心的错觉，‘东方不变论’的错觉，以及说进步是沿着一根直线发展的错觉”。这启发我们要打破西方中心主义，因为“统一”只意味着文明源泉的枯竭和文化生态的死亡。

全球范围内对于生态伦理学的研究已经十分深入，当今有关重大成果多来自于西方，在相当多的发达国家内，致力于保护环境的俱乐部、荒野协会等各层级的社团组织大大多于发展中国家的类似组织，让人们对西方的生态文明实践寄予厚望。发达国家的确具有了雄厚的物质基础，完全有能力普及生态伦理的理念，从对发达国家的生态环境建设等情况来看，也的确取得了令人瞩目的成就。在这里，人们可以见到无比亮丽的社区，绿树成荫的街道，一尘不染的湿地，荒野，国家公园，等等。然而如果据此就得出结论说，这些国家已经有了很好的生态伦理意识，已经建立起了人与自然和谐的新天地，还是为时尚早的。例如，以旨在控制温室气体排放的《联合国气候变化框架公约》（1992 年）和《京都议定书》（1997 年）的失败为例，发达国家是不愿意为全球的生态环境恢复做出努力的，更不必说是牺牲了。《京都议定书》作为《联合国气候变化框架公约》的升级版，确定从 2008 年至 2012 年，所有工业化国家温室气体排放总量必须在 1990 年的基础上减少 5.2%。按照协议，欧盟要在 1990 年的基础上减少 8%，美国减少 7%，日本减少 6%。然而单美国一国温室气体的排放量就占世界总量的1/4，所以它拒不降低排放指标，致使《京都议定书》流产。虽然美国政府也曾经宣布，通过采取一系列资源措施，到 2000 年美国将把温室气体排放稳定在 1990 年的水平，事实却是，美国 20 世纪 90 年代燃烧矿物燃料，二氧化碳的排放量增长了12%[①]，此后也没有发生根本改观。

或许在西方一些国家内部，总体上是推崇生态伦理的，包括在具体的法律法规层面做出领先世界的改革，均表明这些国家已经注意到生态危机与人类活动的密切联系。没有任何迹象显示允许与自然为敌的立场公然存在。就人类的本性而言，希望自己所生存的地球充满和谐是发自内心的，这可以部分解释西方发达国家越来越多的人喜欢居住在偏远的乡村，或者经常到人迹罕至的荒野远足。不过文化的观念还是根深蒂固的，有什么样的文化就会有什么样的价值观。传统的西方人类中心论本质上是自私的、功利的，即令能够做到在同一族群内的公正、公平，也难以推及他族、推及他人，所以才有了后来的非人类中心主义，有了深层生态学，等等。后来的理论和学说，不啻对传统人类中心论的一种否定，一种革命。这也是不成问题的事情。而中国传统生态思想却有着更为宽广的视界和更为博大的胸怀，如儒家，虽然强调人为“天地之心”“万物之灵”，但却从来没有把人看作是自然万物之主，从来不认为万物对人有任何依附的关系，真正的爱就是“民胞物与”，人与万物不仅同属于一个生命共同体，也同属于一个道德共同体，不论遐迩，无关种族，“仁者爱人”，爱所有的人，对所有生命做到一视同仁。

中国式的生态道德无论从何种意义上，皆不输西方的生态道德，这是两种有着巨大区别的生态道德。以古希腊文明和基督教教义为代表的西方文化价值观，固然承认和致力于维护个体的人的尊严，但是从无像儒家那样从个体到整体相统一的人文观照。儒家是从整体着眼，从个体入手，整体是由若干个体利益组成的整体，个体则是隶属于一个整体的个体，因此个体的价值目标和整体是保持一致的，所有的行为方式都必须遵从这一原则。在这一原则指导下，强化了“人为天地之心”这一观念，人与人以及自然万物便构成了一种牵一发而动全身的关系。作为一个古老民族的集体无意识，自觉践行维护各种生态关系的义务，“关系”

---

① ［美］约翰·贝拉米·福斯特：《生态危机与资本主义》，上海译文出版社2006年版。

的生命在于秩序，秩序的生命在于和谐，任何违背和谐关系的行为都将受到舆论的谴责。

基于以上讨论，我们认为对人类中心主义的提法是完全可以区别对待的，也就是说，好的人类中心主义要坚持，不好的人类中心主义要坚决抛弃。这里，我们的论述有必要再次稍稍展开，为真正的（好的）人类中心主义正名，以使人们更好地了解人类中心主义的应有之义。

学人也好，学派也好，对人类中心主义价值观视同仇雠其来有自。由于自文艺复兴运动尤其是启蒙运动以来，西方人文主义在演变过程中走过了头，滋生出一种“唯我独尊”式的人类中心主义，尤其是资本主义工业革命以来人类对大自然毫无节制的索取所引发的种种生态灾难性后果频频发生，人类中心主义这一概念差不多已经被打上了十恶不赦的标签，只要反对生态危机，就必然声讨人类中心主义，这两者之间画上等号是没有任何障碍的。在反对人类中心主义的运动中，人们试图不断扩展道德关怀的范围，并对以往对待自然的态度和方式进行反思，于是各种各样的非人类中心论不断涌现。问题是，如果像其他那些非人类中心主义观点那样，承认非人类存在物也具有自身的内在价值，主张人类对自然万物负有直接的道德义务，而不是把自然万物当成是实现人类目的的工具，那也不能真正解决问题。难道是要把人在任何意义上都放在一个与其他存在物等量齐观的位置上吗？如果我们对某人说，嘿，你得善待动物植物，因为你和它们是一样的——这样可行吗？

这就提出了我们是否还需要一种好的秩序的问题。非人类中心主义可能也有秩序，但这是一种自然而然的秩序，混沌的秩序，人在其中无所作为，对任何变化都只能听之任之，若说人在其中有一定作用，那也不过是一个可有可无的看客的作用而已。这样就是对自然万物负责的做法吗？这样的生态伦理能起到凝聚共识、医治地球生态创伤的作用吗？这是大有疑问的。诚如英人 R. 格仑德曼所称，生态中心主义“假装从自然的立场来界定生态难题，……但是，对自然的生态平衡的界定明显是一种人类的行为，一种与人的需要、愉悦和愿望相关的人类的界定”[1]。我们认为，需要像中国古代生态思想中所坚持的那样，天地万物之间，需要一个“心”，有“心”然后有秩序，有秩序然后才臻至和谐。[2] 假如A养了一只狗，顺着我们讨论的思路往下走，就会有两个选择：

（1）A是狗的主人，关心它，呵护它；如果狗咬人时，A会训斥它；狗很听话，A与它友好相处，A和狗都很快乐。

（2）A与狗平等，食宿同一，娱乐同一；狗咬人时，A不训斥它，让狗随心所欲；A与它友好相处，A和狗都很快乐。

显然，第一种情况是最优的，A作为狗的主人，既可以爱护它，又可以做到与它友好相处，且不能给别人带来伤害；第二种情况是很糟糕的，A虽然也很爱护他的狗，但是方式却大成问题，不足效法。

儒家之主张仁爱万物，重点是强调“给予”的，即把爱给予万物。主角是人，动作发出者是人，接受者是万物。这就证明了人与万物是有所区别的，这是自然形成的，人也不能改变，人只能按照自然的法则行事，因此是人而不是物在主张道德。“仁”也有合作之意，然而仁爱不仅是处理人际关系的道德原则，也是处理人与自然万物关系的道德原则。“亲亲而仁民，仁民而爱物”有两层含义：一是说人的爱，没有任何疆界，人之“仁”，也没有仅仅考虑到人的自我利益的边界；二是说人虽然在智力等方面明显高于其他动物，但是这并没有成为人将“仁爱”洒遍自然界的障碍。只是首先要明确是人在施展“仁爱”，在这里，只有那些真正做到了“仁者爱人”的人才有可能和必要更进一步去仁爱万物，因而仁爱万物是道德修养的最高境界，也是道德完善的内在需要。一个道德高尚的人不仅

---

① 转引自［英］戴维·佩珀：《生态社会主义：从深生态学到社会正义》，山东大学出版社2005年版。

② 孔德的“人类宗教”也多少注意到了秩序、爱以及道德的重要性等问题。他提出“爱”作为社会共同生活的原则，提出“秩序”作为这种生活的基础，提出“进步”作为它的目的。孔德的伦理学同进化论的思想紧密联系着，他认为社会发展道路上的主要困难不是政治上的困难，而是道德上的困难。只有思想的进步和风尚的改善才能排除它们。参见［苏］伊·谢·康主编《伦理学辞典》，甘肃人民出版社1983年版。

要以爱心待人，还要做到“恩及禽兽”和“仁及草木”[1]，前引王阳明之“使有一物失所，便是吾仁有未尽处”，等等，都确切地表达了儒家在充分认识自我的独特价值的基础上建立起来的生态伦理诉求。

包括《易·系辞传》中“生生之谓易”和“天地之大德曰生”等命题，都是在承认人为万物之灵的前提下进行的。承认人为万物之灵，乃至天地之心，丝毫也没有影响到人的仁与爱的实施。程颢曰：“‘生生之谓易’，是天之所以为道也。天只是以生为道，继此生理者，即是善也。”[2]程颐又曰：“仁者，天地生物之心。”朱熹曰：“且如程先生言：‘仁者，天地生物之心。’”[3] 朱熹又曰：“天地之心别无可做，大德曰生，只是生物而已。”[4] 在程、朱看来，万物之所以生生不息，自有其源头活水，那就是天地具有的仁爱之德，而人是天地之间的一个出色代表，他代表了天地的法则“生生”，从而至臻大德。是所谓“心，生道也。有是心，斯具是形以生。恻隐之心，人之生道也”[5]。朱熹亦曰：“发明‘心’字，曰：一言以蔽之，曰‘生’而已。‘天地之大德曰生’，人受天地之气而生，故此心必仁，仁则生矣。”[6] 又曰：“天地生物之心是仁，人之禀赋，接得此天地之心，方能有生。故恻隐之心在人，亦为生道也。”[7] 这就言之凿凿地阐明了人在受天地之气而有血气之身的同时，便“禀赋”了“天地生物之心”以为心，所以人心其实就是一个“生道”；人心之“生道”与万物之“生意”其实都是一个“仁”，因而，仁爱及于万物在儒家是顺理成章的事情。

宋明理学是传统儒学的思想高峰，这时依然坚持“人最为天下贵”的立场，而肯定人贵于万物，是对人提出仁爱万物的高标准道德要求的前

---

① 杨万里：《诚斋集·卷九十二·庸言》。
② 《河南程氏遗书》卷第二上。
③ 《朱子语类·卷第五·性理二》。
④ 《朱子语类·卷第六十九·易五·乾下》。
⑤ 《河南程氏遗书》卷第二十一下。
⑥ 《朱子语类·卷第五·性理二》。
⑦ 《朱子语类·卷第九十五·程子之书一》。

提。从上述二程的言论可知，中国古代生态伦理观照并不讳言“人之为人”的重要作用，就像我们肯定“山之高、水之深”并不代表我们认为高比深好或深比高优那样，承认人之“高”，可以更好地映照自然之“深”，“深”也可以更好地衬托“高”。人在生态伦理中的意义，是作为一个有理智、有文化的爱护者、关怀者而出现的，而在这种以人为天地之心的生态伦理的照耀下，对自然万物的道德义务是无穷无尽的，它不仅像人的生命一样长久，而且也会在不同的世代间“生生不息”，薪火相传。另一方面，儒家主张人乃“万物之灵”“天地之心”，一切关怀都应该由人来施加，相对于人这个“天地之心”，万物都是“四肢百体”。例如，本章第二节所引程氏之观点，此“心”与“四肢百体”是血肉相连的，可它并不主张自己是“四肢百体”的主人或所有者，不仅没有宰制万物的权力，相反还承担着维护万物之生养的责任，万物的危难和痛苦无不通达此“心”。人之于万物就如同一位充满爱心、高度负责、无私的“家长”，或如王夫之所说的“主持者”，这就是人在宇宙中的特殊地位。人作为“主持者”和“最贵者”，理应对万物以爱心相待，参赞天地之化育，否则就是没有尽到责任，就是作为人的道德义务尚未完成。如此人类中心主义，难道说，不是当今时代，乃至所有时代所急需的吗？明乎此，又何必一味逢“中心”必厌，必欲除之而后快呢！

用“大爱无疆”来形容中国传统生态思想，可能是一个不错的选择。较诸万物，人贵则贵矣，却并不妨碍人于万物皆以爱心相待。但是所有的爱都不会是盲目的、一律的，儒家认为，正如处理人际关系时必须根据血缘关系的有无和远近，而施诸不同程度的爱一样，在人与万物以及不同的物种之间做出选择时也应有所区别。王阳明对此有一段精彩的论述，他说：

惟是道理自有厚薄。比如身是一体，把手足捍头目，岂是偏要薄手足？其道理合如此。禽兽与草木同是爱的，把草木去养禽兽，又忍得。人与禽兽同是爱的，宰禽兽以养亲，与供祭祀燕宾客，心又忍得。至亲与路人同是爱的，如箪食豆羹，得则生，不得则死，不能两全，宁救至亲，不救路人，心又忍得。这是道理合该如此。①

其实这反映了包括人在内的世间万物的一种存在秩序。同样作为一种“生物”的人，必定也是带有“生物学”之感情的，有其父母兄弟姊妹，在某些情况下，根据血缘关系而确定一个先后次序，这是很正常的。就算同一个家庭，其亲疏关系也是有所差异的，说“爱有差等”，绝非爱的高低贵贱，而是一个需求程度的差别，所以不仅不能把这一点当成攻讦儒家生态伦理思想的一个借口，相反地，我们要肯定这种对秩序的尊重态度。同时，还应该明确这样的认知，那就是尊重秩序正是恪守生态道德的表现。

综上所述，我们认为对人类中心主义不应一概否定。从宏观的角度看这个问题，就会发现西式的人类中心主义并不是真正的以人类为中心，所谓人类中心主义可能只是一个幌子，在这个幌子下面达到某些局部的功利目的。因为，若是真正以人类为中心，就应该想到对自然、对这颗星球的任何破坏，都会最终危害到人类自身的利益——即使有些后果暂时并不明显，人们可以在千疮百孔的环境中继续生存下去，但是对人类的子孙后代利益来说，则是非常有害的。真正的人类中心主义，就应该从人类千秋万代的利益出发，多爱惜这颗患难与共的星球，像爱护自己的眼睛手足那样珍惜大自然，保护大自然。在这个意义上，西方名义下的人类中心主义是彻底破产了，但是中国式的人类中心主义却依然生机勃勃，中国传统的生态伦理思想，本质上就是一种“爱”，爱无私，且无疆，将是我们永久的精神财富。

① 《王阳明全集·卷三·传习录下》。

第五章　生态美学研究的困境与边界

在第三章“我国生态美学研究进展”的讨论中，我们已经涉及有关话题。在专门讨论了“人类中心主义”之后再来看生态美学的困境与边界，或许能够让我们更加无障碍地进入这一语境。我们说，生态美学要延续既有的研究方向和研究成果，就有必要继续关注现代人的存在状态，并与此同时继续关注以艺术为中心的审美活动。而且，可能要让我们的艺术更多、更自觉地反映自然，反映社会，反映人生。或有人担忧这样做是否意味着生态美学依然过分集中于人类自身的事务中，从而偏离自然或生态的主题呢？或者说，一种既以研究自然和生态为主题，又同时研究人类自身存在和艺术活动的美学是否可能？我们认为这是一个不能动摇的方向，如果不解决这个问题，生态美学研究就只能在两端摇摆：或者是旧论换新名而没有任何本质突破，或者局限在自然世界里却无力对人类事务发言，因此永远无法发展为独立的美学理论。

“生态美学对人类生态系统的考察，是以人的生命存在为前提的，以各种生命系统的相互关联和运动为出发点。因此，人的生命观成为这一考察的理论基点。”[①] 生态美学必须而且只能以人作为研究的出发点和主体，这样做并不等同于人凌驾于自然之上的人类中心主义。所谓人类中心不外乎两种含义：一种是人主宰自然的现代文明观念，一种则是指以人的身份而不是其他生物的身份进行思考和价值判断，这是一种包含人类合理生存

① 徐恒醇：《生态美学》，陕西人民教育出版社2000年。

发展要求的，人的存在论与人学价值论统一的价值观念，它形成于人类的生存发展过程中，有历史必然性和合理性。一般而言，只要生之为人，就必然会对理解自我充满兴趣，就必然会不断地对自我进行探索，实际上这一探索现在依然在路上，比如对大脑的认知就是如此，似乎这是一个需要若干代前赴后继才能看到希望的工作。同时我们必然会从人的价值立场出发进行判断，从而在人文研究中表现出人类的主体性。前一种人类中心主义是后者作为一种思维方式在特定历史时期发生了偏差，导致人类主体意识向极端膨胀的结果，它把存在的多元价值单一化为实用性，既扭曲了自然，也扭曲了人类自己的文化和心灵。作为人文研究的生态美学不可能回避人的主体性，但要清醒地认识到人是自然生态系统中普通的一员，人的一切都离不开这个生态系统中的其他成员，这是一个非常重要的前提。

另外，生态美学必然以人作为研究主体和出发点，还因为自然危机归根结底属于文化问题。自然生态危机的根源在于工具理性和人类中心主义，更深一层又要追溯到二元论世界观甚至整个西方形而上学的传统。生态文化运动对现代文明观的批判并非横空出世，从现代哲学美学到后现代文化思潮再到当代文化研究，现代文明批判的主题一直一脉相承地贯串着，只是这些批判主要发端于人的精神困境和文化危机意识，却很少考虑自然危机问题。生态文化的独到之处正在于把人类长期忽视的自然带入到文化反思的领域里，使文明批判进行得更深入、更全面，但这种批判不可避免地会成为既有理论成果的延伸与拓展。

传统文化带来的问题，被称为“人类困境”或“危机”。但是，这不是一场普通的其他什么危机，而是一种文化危机。它将引起社会的根本性的变革。卡普拉在《转折点：科学·社会·兴起中的新文化》一书中说：“当前的危机不只是个人的危机，不只是政府的危机，也不只是社会组织的危机，而是全球性变迁。无论是作为个人，作为社会，作为一种文化，还是作为全球的生态系统，我们都正在达到一个转折点。”他认为，在这个转折点上，危机引起深刻的文化不平衡，传统文化成为衰退中的文化，它不可避免地处于衰退、崩溃和瓦解过程中；新文化成为上升的文化，它将继续上升，最终将担负起领导作用。这是一场文化转变，这场大规模的极为深刻的文化转变是不可抗拒的。美国哲学家拉兹洛认为，我们的社会正走在一个十字路口上，世界系统面临分岔，在这个分岔口上，“人类作为一个整体仍然‘在文化上落后’。这是占主导地位的价值观念和认识落后于客观条件造成的”①。“这种文化滞后现象对西方是这样；现在西方已经发展到后工业社会，但他们的价值观还停留在工业社会。这就是说，文化落后于现实。”② 因而需要一次价值观的革命，一场文化意义上的革命。

意大利学者、罗马俱乐部创始人佩切伊指出：人类创造了技术圈，入侵生物圈，进行过多的榨取，从而破坏了人类自己明天的生活基础。结论是：如果我们想自救的话，只有进行文化性质的革命，即提高对站在地球上特殊地位所产生的内在的挑战和责任，以及对策略和手段的理解，进行符合时代要求的那种文化革命。③

对于上述关于人类面临文化革命的看法，如果从整个生态圈的角度看，是正确的，而且21世纪人类的选择是从传统文化走向生态文化，建设生态文明社会。这种看法是对传统文化的分析得出的结论，我们只能在历史上遗留下来的传统文化的氛围下生活。这里需要我们注意的是，任何一种文化及其传统都包含精华和糟粕两部分。文化作为人类的创造，有着鲜明的时代特征，在本质上是积极的、进步的；但是也具有消极、落后的一面。例如，中国传统文化中特有的追求长生不老、事不关己高高挂起等，它产生于我国封建的社会文化，是一种落后现象，必将被彻底淘汰。但是，相信鬼神和巫术等现象却在改头换面继续广泛存在着，这是一种迷信的文化现象。再如，各种文化中普遍存在的对自然的不友善、对动物的猎杀等现象，特别是在现代社会中还存在着不平等、不公正、霸权主义乃至战争等，都是文化出了问题。只有文化的力量才是最为持久的。时下愈演

---

① ［美］E. 拉兹洛：《世界系统面临的分叉和对策》，社会科学文献出版社1989年版。

② ［美］E. 拉兹洛：《系统哲学讲演集》，中国社会科学出版社1991年版。

③ 引自［意］A. 佩切伊在“21世纪的全球性课题和人类的选择”大会上的讲演，载《世界动态学》，中国环境管理、经济和法学学会1994年编。

愈烈的环境污染问题，就是一种落后的文化现象。动物以本能的方式生存，面对环境压力，它以自身的变化去适应环境，谋求生存。人以文化的方式生存，而对环境压力，人以文化变化（文化选择）适应环境，使自然界符合自己的需要，谋求生存。环境问题导致人类生存危机，这种环境压力迫使人类做出新的文化选择。

我们需要反思，传统文化是怎样陷入危机的。

中国古代有“愚公移山”的故事。通常作为坚忍不拔的正面形象加以传播，也的确感动无数人。如果离开生态，这个故事的正面意义可能是唯一的，然而如果引入生态，就值得讨论了。为什么不是人，而是山要离开，难道移山比移人还要容易些吗？岂不知挖掉一座山，会造成何等巨大的生态破坏。这就是文化观念上出了问题。人类在价值观上落后，在落后的价值观指导下，人类对自然的开发利用在许多方面表现为短期行为，只顾眼前的经济利益，对大自然采取了掠夺式的态度，从而使地球生态系统在许多方面朝着无序化，或退化的方向发展。这是传统文化的根本性特点。苏联科学院院士伊·彼得梁诺夫·索科洛夫在谈论大自然的污染时指出，这里首先是“人类意识的污染”，“我们要避免的正是这种污染，正是人们对大自然的态度所依据的种种荒谬观念。人是大自然的一部分，所以，他怎样对待大自然，就意味着怎样对待他自己。”①

传统文化的价值观，在其理论形态上是以人统治自然为指导思想，以人类中心主义为价值取向。这种价值观的思想从古代思想家那里萌发并提出，例如，在西方思想史上，公元前 5 世纪古希腊哲学家普罗泰戈拉提出“人是万物的尺度”这一著名的命题，柏拉图以人的理念构造整个世界。近代法国哲学家笛卡儿提出“借助实践哲学使自己成为自然的主人和统治者”；德国哲学家康德提出“人是目的”，人的目的是绝对的价值，因而“人是自然界的最高立法者”。同时代英国思想家培根和洛克把人统治自然的思想从理念推向实践，成为鼓舞人类同自然做斗争的巨大动力，推动了

① ［苏］伊·彼得梁诺夫·索科洛夫：《大自然是没有国界的》，莫斯科新闻社 1988 年版。

人类改造自然的伟大实践。对于自然与人而言，表现为一种人与自然之间和合共生的原初关联，即生态关系。生态美学是对具体的审美现象的超越，同时也是对审美对象与审美主体的超越。但这种超越不同于从现实具体事物到抽象永恒的本质、概念的“纵向超越”，而是一种从在场的存在者到其背后不在场的存在之间的“横向的超越”。①

当然我们不能把人类中心主义的价值观念看作是荒谬的。生态美学的超越性本质，源于人的本质，人作为此在，本身就是超越的。所以海德格尔说：“我们以超越意指人之此在所特有的东西，而且并非作为一种在其他情形下也可能的、偶尔在实行中被设定的行为方式，而是作为先于一切行为而发生的这个存在者的基本机制。”② 经过与自然界进行长期艰苦卓绝的斗争，随着人对自然界斗争的胜利，人类才把自己同动物和自然界区分开来，“明于天人之分”，并逐步产生以我为中心的自觉意识，并且最后在理论上上升为价值目标的形态。这是在同自然做斗争中，人类在生物学提升方面获得的成功，是人类的伟大进步。这种价值观念的产生，表示人类对自己利益的自觉认识，这是人类认识的伟大成就。就其对自然界的态度而言，它表现为为了人的利益改变自然和利用自然，以满足自己生存和发展的需要。

正是基于人类对自己的价值及对人类伟大创造力的理解，在人统治自然的思想指导下，发挥人的巨大创造力，不断地战天斗地，改变了人和自然界的状态，改变了人从属于自然和完全依附于自然的地位，人对自然取得一个又一个的伟大胜利。因而，人统治自然和人类中心主义的思想是一种伟大的思想。在这种思想的指导下，人类实践创造了巨大的物质财富和精神财富，建构了整个现代文明，使人类进入现代化社会。它以人类认识和实践的伟大成就记入了人类的史册。但是，在人与自然的关系上，人统治自然和人类中心主义思想的实质是“反自然”的。人与自然是有矛盾

① 张世英：《进入澄明之境》，商务印书馆1999年版。

② ［德］马丁·海德格尔：《路标》，商务印书馆2000年版。

的。人类史早期，人类由于力量过于弱小，只得对大自然俯首称臣；只是在现代科学技术和现代工业发展起来以后，人类获得了巨大的力量，才敢于打出“反自然”的旗号，主张战胜自然、主宰自然和统治自然。也就是说，在人与自然矛盾的漫长岁月中，实际上也就是工业革命以来，人与自然的矛盾才从对立发展为对抗和冲突，至20世纪下半叶，这种矛盾以生态危机的形式表现出来。它又被称为大自然对人类的报复，从而使人类在地球上的生存面临险境。

这是一个悲剧性的矛盾：人类改造自然虽然取得了伟大的成就，但是它又导致自然环境退化，人的积极的实践在它所造成的生态灾难中产生了消极的后果，而且这种消极后果以可能造成文明毁灭的条件形成。这就是人类在与自然的斗争中创造了自己的文明，但同时也创造了可能导致文明毁灭的条件，作为人类对自然胜利的代价的生态危机，最终使人类陷入困境中。为什么会出现这种情况呢？这是由于索科洛夫院士所指出的，人对大自然的态度所依据的观念带有荒谬性。人类生活在地球上，只是地球上千百万物种中的一种。虽然人类处于自然进化序列的最顶端，但也只是自然界的一部分。人类依赖于自然界生活，因而不能以自然界主宰者或统治者自居。科学家告诉我们，地球上要是没有人类，地球生态过程将照常运转下去；但是，要是没有绿色植物，或者要是没有那些非常不起眼的昆虫和微生物，人类至多只能存活几个月。因此，人类不要试图统治地球上的千百万物种，不要试图去主宰自然；需要使人类行为所依据的观念从“统治”自然，转向“尊重”自然，人类对待自然从傲慢转向谦虚，需要把地球上的千百万物种作为自己的伙伴和朋友，同它们和谐相处，学习其他生命形式和大自然的“智慧”。只有这样，人类才能“合理利用”自然，摆脱“悲剧英雄”的可怜地位，谋求自己的持续发展。也就是说，人类统治自然或人类中心主义的价值观念有片面性，它应该被“尊重自然”和“人与自然和谐发展”的价值观所代替。

在传统文化中，人们对大自然的行为所依据的具体观念具有片面性。第一，自然资源是无限的，它取之不尽用之不竭。第二，自然资源没有经济价值。人们利用自然资源，这是大自然对人的恩赐。第三，自然资源无主。人们开发自然资源，谁采谁有。从这样的观念出发，不难看出人类对自然界主要采取了两方面的行动：一是把大自然看作是储存资源的仓库，这是属于人类自己的财富，不断地向自然索取。在人类社会的各个层次，各个国家、地区、社会集团和家庭，竞相开发利用自然界的物质和能量，并以谁向自然索取更多从而成为富有者，表示他的社会地位和价值，从而使人类对自然的索取呈几何级数不断增长。二是把大自然看作是排放废物的垃圾场，为了降低人类生产生活的成本而不断地向自然环境排放数量越来越多、成分越来越复杂、对自然环境的损害越来越严重的废弃物。

应当说，人类今天面临这种局面具有必然性。因为人类以文化的方式生存，但是，传统文化的根本特点是以人统治自然为指导思想，以人类中心主义为价值取向。“文化是自然的一个孩子，文化的进化是自然的子孙。”在从自然的进化中，“语言是一种类似活化石的东西，亦即是一种中介性的结构环节，它今天仍然保持了一些生命进化过程中的大多数令人激动的时期的脚印”①。人类依据这样的价值观念去实现自己的利益，一方面向自然界无度地索取，另一方面向自然界随意排放废弃物。在地球上人口数量比较少、社会生产力水平较低的情况下，人类对自然界的作用，在规模和深度上比较有限，这时地球承载能力能够满足人类的需要。但是，在地球上人口增加、社会生产力发展和科学技术进步使人类拥有巨大力量的情况下，人类对自然的作用，在规模和深度上加剧了，这时人类活动超越了地球的承载能力，已经没有能力满足人类的需要，因而出现了不可持续发展的局面。

从人与自然关系的角度，传统文化的性质是“反自然”的。人以反自然的方式生存，通过文化向自然索取，积聚社会的财富，推动社会进步；但是又把过多的熵留给环境，引起自然环境衰败，威胁了人类生存。这是

① Alwin Fill and Peter Nuhlhauslereds. The Ecolinguishitics Reader：Language，Ecology and Environment，London and New York：Continuum，2001.

新的环境压力。

这种环境压力使人类文化走向一个分岔口，导致文化选择。在这里，坚持传统文化是一种选择。但是，这种选择是一种危险的选择。因为按照那条老路，环境问题不仅不能获得解决，而且会越来越严重。而问题又不能久拖不决，否则代价越来越大，可供这样选择的途径越来越窄，最终还是得做出改变。这里需要一种新的选择，这是文化转向，或文化性质的革命。正是在这个分岔口上，需要告别传统文化，走向新文化，需要建设新的生态文明社会。

既然生态美学要以人为研究的出发点和主体，自然又将置身何处呢？这正是生态美学要研究的关键问题。现代美学的一个明显缺陷，就是忽视了人与作为人类生存地基的那个更深广的生命世界的联系，过分沉浸于封闭的私人经验、感官体验世界里，甚至在平面化的符号游戏中渐渐消解存在的真实维度。人们在现代文化中只能看到孤立封闭的自我，以及作为自我镜像的文化符号。因此，生态美学只有在存在本体论和审美本体论的研究中找到一种全新的价值根基，才能既继承现代美学的研究深度又超越其中的人类自我封闭倾向，自然正是在这种新的价值根基探寻和本体反思过程中登场的。生态美学要解答这样的问题：人的自我意识怎样在自然的基础上得以建构？当人在与世界的关联中重新定位自我时，与他者的关系将发生怎样的改变？身体与心灵、感性与理性的关系在自然背景上应当得到怎样的重新理解？信仰破碎的世俗生命能否在自然中找到精神引导？如何理解自然信仰与人类文明史中多种宗教信仰的关系？艺术在怎样的层面上与自然产生联系？现代艺术怎样从自然中获得克服痛苦绝望情绪的力量？在生态美学中，自然将作为一个基本维度被用于重新拷问自我意识形成和文化身份建构的每一个环节，建立起一个以自然为基础的存在本体论和艺术本体论系统。

简言之，生态美学的研究对象依然是人的存在和审美活动中的基本问题，但它要在自然的价值根基上重新审视这些问题，使自然真正参与到人类自我意识和文化身份建构的过程中。所以随之而来的问题就是，自然如何可能成为反思存在和艺术本体的新维度呢？或者说，生态美学应当使用怎样的方法让自然参与到美学研究中来呢？

一、生态美学的研究方法是什么

作为一门新学科，生态美学必然会通过从其他领域里借鉴理论方法探寻自己独立的方法论。生态科学、生态批评、海德格尔的存在主义哲学、现象学是目前国内生态美学研究主要借鉴的理论资源。但是，它们毕竟不能直接等同于生态美学的理论方法，必须在借鉴的同时厘清这些方法自身的适用范围、欠缺之处和理论脉络，通过批判性的借鉴形成属于生态美学的独立方法。

生态科学规律常常被研究者视为生态美学理论的直接来源。曾繁仁认为，现代生态学的最基本的原则就是系统整体论的观点，在此前提下又有平衡规律、对立统一规律、反馈转化规律与物质循环代谢规律等。这些生态学原则经过融合、加工，被吸收进生态存在论美学观中，成为美学理论中的绿色原则。生态哲学与生态美学的合理因素就是人与自然、社会处于一种动态的平衡状态，这种动态平衡就是生态哲学与生态美学最基本的理论。具体地说，可包含无污染原则与资源再生原则。从生态科学规律中的确可以引发出丰富的哲学意蕴，生态美学研究者也迫切需要多掌握生态科学知识，以便更加深入地了解生命世界的运行规则，了解人类在自然世界中的地位。和历史上任何一次人文革命都是受到自然科学研究成果的带动一样，生态科学导致的世界观革新也将会成为推进人文科学进展的直接动力。但是，生态科学规律和生态美学理论之间还有很大差别，生态美学的关键任务在于从前者向后者的转换。

从学术的发展过程看，一种具体的思潮和方法，常常用类比的方法运用于其他学科，生态主义也是如此。如有人相继提出经济生态学、政治生态学、精神生态学、文艺生态学、审美生态学，意思就是说经济现象、社会现象也类似于自然生物，是一个整体，是一种动态平衡，是一种和谐运动的整体。但这种类比常常凸显不出社会现象的本质。生态科学规律是人对世界进行对象化理性研究的成果，直接将这些规律认定为美学原则，还只是在类比层面上使用生态的概念。作为一种新学科发展之初的常见现象，类比首先意味着学科的专业性尚未凸显。有机整体和动态平衡的规律既可以是自然科学规律，也可以适用于哲学、社会学、经济学、人类学等任何一个人文科学领域，可以把它看作未来生态社会中一切人类活动的基本原则或最高理想，却不能从中体现出美学的独立学科属性。

作为生态科学理论的有机整体、动态平衡，是指人作为一种生物存在。与自然万物在生物群落关系上的平衡与和谐，并不触及人的自我意识、审美趣味、文化观念等精神层面。文学艺术作品怎样表现出系统整体观呢？什么是审美活动里的资源消耗和再生，怎样确定这种平衡呢？怎样确定一部作品是否有精神污染，通过其主题、内容还是表现形式？系统整体观、动态平衡观作为一种普遍原则当然无可挑剔，但由于它是从自然物质的角度看待人和世界，美学却要研究有情感、体验和意志的人，研究在心灵里显现的世界，因此从生态科学到生态美学之间还存在着复杂的转化过程。怎样从自然科学规律中生发出哲学内涵，怎样让自然突破物质外壳进入意识和思维领域，从本体论层面上验证存在的整体性及动态平衡规律，发掘自然在物质、物理层面之外的多元精神内涵和文化含义，这是摆在生态美学研究面前的关键问题。

生态批评是生态美学研究的又一个直接理论来源，作为一种具有后现代精神的文本批评策略，当前的生态批评具有如下特点：在内容上，主要以直接描写自然为主题的浪漫主义文学作品、自然书写、环境文学以及诗歌作为批评对象，对描写人类社会生活的虚构性叙事类作品很少涉足；在理论上，或者将自然与女性、身体、种族等多元文化要素结合起来进行现实层面的文化批判，或者对自然的主体性、生态批评的价值立场等基本理论问题进行反思，或者把自然精神运用到对艺术语言和艺术思维的探索中。一方面，这些研究显示出理论的多元化和多角度；另一方面，则表现得缺乏系统性，缺少哲学美学本体论层面的理论支撑，生态批评的薄弱之处正提示着生态美学的发展方向。

20 世纪后期以来，由新历史主义批评、后殖民主义批评、女权主义批评等构成的文化研究潮流，与此前注重抽象思辨和哲学反思的文化流派相比，强化了批评的社会历史意识和现实关怀精神。隶属文化研究的生态批评，其思考的重心也是人与自然的关系这样一个实际问题，因此，生态批评的大量文本集中在分析作品展示的人与自然的关系上。浪漫主义文学、自然书写、环境文学这些直接以自然为主题的作品，以及使用大量自然意象的诗歌成为最适合生态批评的文学题材。但漏洞也显而易见，是否所有的文学类型都可以用同样的方法进行分析呢？生态批评已经在解释诗歌和非虚构性的自然书写上做出了有价值的尝试，但是虚构似乎例外地抵制了生态批评的操作。当前最需要检验的是，文学作品尤其小说这种目前在西方文学中占据支配地位的表达形式，能否成为生产绿色思想的有用工具呢？抑或这种作为工业社会胜利成果的文学类型，能否在通往后现代世界的道路上被有效地反思呢？如果生态批评无力对小说这类虚构性叙事作品进行有效的批评，无力对那些虚构性地呈现人类心灵世界和社会生活的小说作品做出有效的判断，那么它就只能停留在直接针对自然的主题式批评里，无法对艺术规律做更加深入和全面的探究。

有研究者将自然的概念区分为三种：第一种指的是物理世界里不停运作着的那些结构、过程和自然力量，它提供了自然科学的研究对象。第二种指的是日常生活世界里可见的自然：自然意味着与城市或后工业化生存环境相对的存在者，如野生动物、原生材料、非城市化的环境等，它是因为人类对地球的占领而被污染和损害的自然，也是现在大家都在呼吁保护的自然。第三种则是一个常常在哲学中使用的形而上学的概念，人文世界通过与之对照衬托出自己的独特性。虽然人与自然相区别的绝对性已经受到质疑，但这个自然依然保持了它非人类的内涵，但随着我们对“人”这个概念界定的持续变化，这个自然的内涵也发生着相应的改变。

生态科学在第一种概念层面上研究自然，因此生态学的自然规律不能直接应用于美学研究；生态批评则将重心放在了第二个层面的自然，它使人们开始重视长期被人忽视的自然世界，使人们开始通过文本探究人与自然亲密而复杂的关系，但仍然难以深入到存在和艺术研究的本体层面；生态美学必须通过研究第三种层面形而上学意义上的自然展开，这个自然与人文相对，相对不等于对立，如果说现代哲学美学曾在两者之间树立过不可打破的边界，那么生态美学就是要尽量模糊这个坚硬的边界，使人和自然的概念都以两者的交集为基础而获得新鲜的内涵。

海德格尔哲学、胡塞尔的现象学哲学是目前国内学者普遍认同的重要理论资源。曾繁仁先生认为，生态存在论是一种以生态中心为指导原则、以现象学为基本方法的崭新的哲学观。这种哲学观所运用的通过悬搁现象学还原的方法与美学作为感性学的学科性质，即审美过程中主体超越对象的实体的非功利静观态度特别契合。所以，胡塞尔指出：“现象学的直观与艺术中的美学直观是相近的。”而且，海德格尔进一步指出：“美乃是以希腊方式被经验的真理，就是对从自身而来的在场者的解蔽，即对自然、涌现，对希腊人于其中并且由之而得以生活的那种自然的解蔽。”这里的“解蔽”具有悬搁、超越之意，即将外在芜杂的现实和内在错误的概念加以悬搁，从而显露出事物本真的面貌；同时也是对功利主义和物质主义的一种超越，进入思想的澄明之境，从而把握生活的真谛。在这里，生活的显现过程、真理的敞开过程与审美生存的形成过程都是统一的。正是在这个意义上，我们说生态存在论哲学观，也就是生态存在论美学观。

现象学直抵本源，是反思一切现成观念和事实的绝对基础的方法，海德格尔诗意栖居的存在观，是对生态美学最有启发性的方法论和理论资源。但另一方面，现象学运动作为一次有大致相同取向的理论潮流并非一种单一的方法论，其中不同的思想家都有自己独特的问题切入视角，甚至在一些基本观点上互相抵牾，所以在借鉴过程中审慎地辨析它们各自的理论脉络，再吸收其中合理之处融会贯通，才是生态美学发展的关键所在。胡塞尔创立现象学的初衷是应对欧洲近代形而上学受自然科学排挤而遭受的危机。欧洲自然科学的实证主义倾向越来越严重，它主张只研究纯粹客观的事实而绝不涉及价值问题。实证主义的自然科学方法影响着人们对真理的定义，进而引发了对形而上学的怀疑。胡塞尔认为，实证主义的错误在于没有意识到所谓客观规律其实缘起于人设定这些规律的主体能力，科学只关注事实，却忘记了事实的确立者这个最基本的根基，于是他使用悬搁、现象学还原等方法，搁置一切包含着价值判断的经验，只剩下能够让经验得以发生、能够让主客体彼此牵连的纯粹意向结构，这个纯粹抽象的意识结构正是一切科学的根基。由此可见，现象学的悬搁还原与审美静观并非同一层次，前者要终止包括美感在内的一切价值判断而直达纯粹抽象的意识结构，后者要终止的只是功利性的价值判断，却依然包含着丰富的社会文化内涵。

从纯粹抽象的意识结构中去寻找克服主客对立、事实与价值分离的基础，胡塞尔的做法却遭到了海德格尔的质疑。海德格尔认为更本源的存在论问题仅凭对意识结构的分析无法完成，因为存在意味着存在者在时间境域里自我展开和自我显现，所以他要通过分析存在者而领悟存在。海德格尔认为存在神秘而难以言说，胡塞尔却认定存在最终能够被理性所认识；海德格尔认为只有通过诗意领悟才能靠近存在，他要解蔽使存在变成僵化的存在者的形而上学和科学，胡塞尔却认为这样做是非理性的，他一直努力追求一种更加理性、普遍的科学，悬搁还原正是为了寻找那个彻底自明的理性根基。面对这两者的种种分歧，生态美学在重新理解存在时应当接受海德格尔的诗意体验，还是胡塞尔的理性分析？是采用海德格尔从存在者入手理解存在的方法，还是采用胡塞尔到抽象的意识结构中寻找存在本源的方法？只有通过清晰地解答这些疑问，生态美学才能形成独立的方法论和理论体系。以上分析表明，生态美学可以从现有的各种学科借鉴理论方法，但必须经过谨慎的辨析转化，将自然从物理规律和物质存在的层面上深拓到形而上学领域中。现象学将成为生态美学最重要的一个方法论来源，但现象学还原将在哪个层面展开，又怎样证明自然与存在本源的关系，将是生态美学继续探索的重点。

二、生态美学的研究内容是什么

生态美学的研究内容可以大致分成 4 部分：第一部分是对国外生态美

学研究成果的系统介绍和翻译。第二部分是对存在本体论和艺术本体论的研究，阐述自然如何作为存在本源，以及如何在自然本体论的基础上理解艺术。第三部分是对自然信仰的研究，它将为现代人的生存和艺术活动提供一种新的精神引导。在这两部分中，对中西方哲学美学史上既有思想资源的梳理和对话将占据非常重要的地位。第四部分是生态美学理论在文学批评和文化研究中的具体应用，其中包括使用生态批评方法对中西方文学史作品的重新解读，对艺术生态性的界定，以及对反生态的现代文化艺术现象的批评等。生态本体论和艺术本体论研究是生态美学理论的核心部分。存在本体论研究主要采用现象学方法。现象学不满于把世界当作理性思考的现成对象，它要深入反思赋予人类理性认识能力、让世界在人类意识中如实显现的根源。

而从理论基础和观念上看，国外生态美学突破主客二元对立机械论世界观，提出系统整体性世界观；反对“人类中心主义”，主张“人—自然—社会”协调统一。例如，德国著名景观设计师奥都·维拉克在《当今景观营造学中的生态美学》一文中提出：在21世纪，我们是否需要“生态美学”这样一门独立的学科呢？这个问题的答案的关键在于：它应该采取什么形式来使它不同于20世纪70年代和80年代的原始田园风光式的自然美学。他认为，生态美学必须基于这样的观念：人类作为一种有机生物，是大自然的一部分；但与此同时，作为有教养和理性的物种，人类有自己的自律意识，从而必须为自己的行为负全责。这种观念也成为许多生态美学的共同观念。在这种认识下，梅洛·庞蒂的感知现象学、杜威的实用主义哲学、贝特森的控制论也成为生态美学的重要理论基础。①

胡塞尔把这个根源理解为人的意识结构。海德格尔把这个根源理解为自然，即存在者如其本然的自我显现。梅洛·庞蒂则通过研究身体经验与本源相遇，身体在客观经验产生之前就提供了一个让“我”和世界相遇的场所，它同时意味着被感官意向性包容的世界，和通过向世界持续敞开而

① 李庆本主编：《国外生态美学读本》，长春出版社2010年版。

逐渐成熟的感受力，介于纯粹肉体和纯粹意识之间的身体意味着一种比思想更古老的人与世界的关联方式。如此，国外的生态美学普遍认为环境是审美的客体，这种对自然和艺术中的审美客体约定论的观念在生态美学中是占主导地位的。只是，环境美学中通常所说的自然，同艺术哲学中的自然是不同的：虽然由想象而生的艺术现象也同样可以像现实的生态客体所唤起的那些审美激情，但艺术和自然是不可替代的。杜夫海纳进一步把梅洛·庞蒂寻找的这个基础的存在明确化为自然，即经验中的所有先验因素的本体论根源。

在道家哲学那里，也为存在本体论的重新反思带来启发。道生万物不只意味着物理自然意义上的创生，更代表着人类意识的形成以及表象世界在意识中的显现，道的不可言说表明了思的有限性，理性的文明不能通过反思穷尽这个存在本源的秘密。取法自然的道，正是在天地运行、万物生长中蕴含着的无须反思而直接显现的必然性。这种前反思的素朴存在就是自然，它是人与世界、自我与他人、历史与现实的亲密而深刻的共在，是必然性的完满显现。受道家哲学以及现象学的启发，生态美学将在语言、艺术创作、历史、自我与他人的关系等多个领域中探索这个存在的原始地层，这个直接显现必然性的自然。

就拿艺术创作而论，其本质是什么呢？唐朝画家张璪说是“外师造化，中得心源”。这句话概括地描述了艺术真正的精髓，表达了人类如何进行审美活动并进行艺术创造。审美活动承担着让人与自然存在本源沟通的功能。人与世界由相同的血肉联系在一起。无论什么时候“我”都能够感受到这种深奥的相似性，而不是力图去控制外表因而形成一个随后适合于知性分析的知觉，“我”保持对感性的充分感受；不管什么时候“我”都充分地呈现在感性中，让感性在“我”这里回响并自知于感性中。在这个关节点上“我”接触到基底：感性给“我”提供了自然的面容。人通过充分的感性体验体会到与世界的血肉联系，审美体验则是最纯粹、最集中的感性经验。当人们全身心沉浸于对声音、色彩、形体的感性知觉时，就超出了自我意识设定的人与物的隔阂，仿佛进入世界的躯体中，将自我拓展成一个像自然一样深广的存在。生态美学把艺术的本质理解为借助感性手段呈现人与世界共在的事实。现象学美学认为，艺术既不简单模仿事物的外表和形式，也不孤立地表现人的内心世界，而要给我们打开一个可能的世界，让我们在这个世界中感受到那个不可认识、无法经验的自然是怎样转变成为可以认识和经验的世界的。以道家哲学为理论基础的中国古典艺术也为理解艺术的生态精神带来重要启发，它追求情景相生的兴发感动和情景交融的审美意境，追求天人合一的圆融生命境界。在生态美学的视野中，艺术的职责就是向人展示存在的必然性，让人通过感受与他人、万物、历史的共在而更深刻地理解自我，获得清新刚健的生命力量，这正是生态艺术的基本精神。

生态美学还强调自然信仰的精神维度。由于现代文明缺少超越性的精神信仰，人沉溺于碎片式的、当下性的感性生存中，艺术则一直在加重绝望、焦虑和愤世嫉俗的感受。人类文明史上的信仰多种多样，但生态美学要把信仰建立在作为存在本源的自然上面。信仰自然意味着相信在人类文明之外还存在着一种更古老、更永恒的本原的力量，人类要对此生命母体保持敬意，同时对文明的有限性保持清醒的意识。信仰自然还意味着善于向世界敞开心扉去感受生生不息的生命力量，从而使世俗生活获得一种来自自然的道德律令的指引，使艺术重新表达对高远生存境界的追求。

第六章　生态美学的理论前提和研究对象

一、生态美学的哲学基础

生态美学是一门最近几十年才引人注目的新兴美学学科，它的哲学基础究竟是什么呢？它的学科性质和类别究竟是什么呢？都是有待讨论、研究、商谈的，这也是十分正常的事情。就是美学本身，自从1750年鲍姆加登以aesthetica命名以来，至今并没有一个统一的、学术界完全一致公认的美学定义，有的甚至相去甚远乃至势不两立。所以，对于美学来说，至今为止，尤其是在今天这样多元化和众声喧哗的时代，要想规定一个统一的、规范的哲学基础似乎是非常困难的。因此，至今为止，主观唯心主义、客观唯心主义、辩证唯心主义、历史唯心主义、机械唯物主义、实践唯物主义、历史唯物主义、辩证唯物主义、现代主义、后现代主义、女权主义、女性主义、后殖民主义、分析哲学、语言哲学等哲学体系都在建构自己的美学学科。这样看来，美学就应该是哲学之下的二级学科。与此同时，当美学研究主要是在形而上的层面、最一般规律的层面、哲学层面进行的时候，这时的美学就应该是哲学美学。那么，世界上有多少哲学，就应该有多少哲学美学。也就是说，以某种哲学观点和理论作为基础就可能产生与之相应的一种哲学美学，然后，在这种哲学美学的基础上再产生出与之相应的生态美学，所以，生态美学是美学的一个具体的分支学科，它的哲学基础与相应的哲学美学是一致的。在现在的形势下，要为生态美学寻找唯一的、排他的哲学基础，似乎是不太现实的。

不妨换一种视角，即在中国当代美学的各种流派中都应该有自己的生态美学之维，当这些不同哲学基础的生态美学都逐步成熟起来以后，再来商谈一种比较统一的、大家所认同的中国特色的生态美学。作为人文科学的美学，必须从人的需求出发进行学科建构的分析。而现代心理学已经由美国心理学家马斯洛对于人的需求做了科学的分析，他把人的需求大致分为7个层次：生理需求，安全需求，归属或爱的需求，尊重需求，认知需求，审美需求，自我实现需求。正是由于人有这些需求，现实才在人的生活中与人发生种种关系：实用关系（由于生理需求、安全需求、归属需求、尊重需求），认知关系（由于认知需求），审美关系（由于审美需求），伦理关系（由于自我实现需要或伦理需求）。而这些关系就要用不同的学科来进行研究：自然科学中的医学和生理学以及社会科学中的经济学主要研究人对现实的实用关系，哲学认识论、心理学的认知科学研究人对现实的认知关系，社会科学中的伦理学、政治学研究人对现实的伦理关系，而人文科学中的文学、文艺学、美学研究人对现实的审美关系。

二、生态美学的研究对象

在这样的基础上，我们以前对于美学主要从审美关系方面或维度来进行美学学科的建构，把美学的研究范围主要规定为三大方面或三大维度：审美主体研究，审美客体研究，审美创造研究，因而美学就相应有美感论、美论、艺术论、技术美学、审美教育论等学科建构，而相对忽视了人对现实的审美关系中的现实的构成这个方面或维度。如果我们从人对现实的审美关系的现实构成的维度来看，那么我们就可以看到，这个现实主要包括三个方面或三个维度：人对自然的审美关系，人对他人（社会）的审美关系，人对自身的审美关系。这样一来，美学学科的建构就可以派生出一些新的美学分支学科，研究人对自然的审美关系，如生态美学；研究人对社会（他人）的审美关系，如交际美学、伦理美学等；研究人对自身的审美关系，如人体美学、服饰美学等。

由此我们就可以断言，以马克思主义实践唯物主义和实践观点作为基础和出发点的实践美学本来应该是理所当然包括生态美学等美学的分支学科的，但是，由于过去自然生态或自然环境问题没有引起我们的足够重视，所以诸如生态美学等一些美学分支学科就被遮蔽和忽视了。现在，随着全球化和现代化的历史进程，自然生态的问题日益凸显出来，成为直接影响到人类生存和发展的重大问题，因此，对自然生态问题的研究就自然而然成为许多人文科学和社会科学以及哲学的重要研究课题。正是在这种世界潮流的推动下，美学界和美学家们呼吁建构一门生态美学，当然就是非常及时的，也是对实践美学中不可或缺的一个潜隐的学科的解蔽和彰显。也就是在这个意义上，生态美学是实践美学的不可或缺的维度。因此，我们认为，在形而上的层面、最一般规律的层面、哲学层面进行研究的哲学美学就是，以艺术为中心研究人对现实的审美关系的人文科学，而生态美学只能是这种哲学美学的一个维度，或者一个分支学科。那么，生态美学的哲学基础就应该与它所隶属的哲学美学及其哲学相一致。而这种哲学美学及其哲学应该具有形而上的、最一般规律的、全面的性质，具体来说就是应该包含有它的本体论、认识论、方法论、价值论的全部，尤其是应该有其本体论的哲学基础，而不应该仅仅是某一个方面的，尤其是不应该缺失本体论的维度。

从这样的基本观点出发，我们认为，主体间性或者主体间性哲学不应该也不可能是生态美学的哲学基础，因为主体间性仅仅是现代主义和后现代主义哲学消解和反对主客二分思维方式的一个策略性的范畴，仅仅具有方法论的意义，完全不具有本体论、认识论、价值论的意义，所以主体间性哲学也是一个十分可疑的概念。

主体间性的概念来源于胡塞尔的现象学哲学，这是现象学哲学的重要概念。胡塞尔提出这一术语来克服现象学还原后面临的唯我论倾向。在胡塞尔那里，主体间性指的是在自我和经验意识之间的本质结构中，自我同他人是联系在一起的，因此为“我”的世界不仅是为“我”个人的，也是为他人的，是“我”与他人共同构成的。胡塞尔指出：无论如何，在

“我”之内，在“我”的先验地还原了的纯意识生命的限度内，“我”经历着的这个世界（包括他人）按其经验意义，不是作为（例如）“我”私人的综合组成，而是作为不只是“我”自己的，作为实际上对每一个人都存在的，其对象对每一个人都可理解的、一个主体间性的世界去加以经验（笛卡儿的沉思）。胡塞尔认为自我间先验的相互关系是我们认识的对象世界的前提，构成世界的先验主体本身包括了他人的存在。在胡塞尔现象学中，交互主体性概念被用来标识多个先验自我或多个世间自我之间所具有的所有交互形式。任何一种交互的基础都在于一个由“我”的先验自我出发而形成的共体化，这个共体化的原形式是陌生经验，亦即对一个自身是第一性的自我——陌生者或他人的构造。陌生经验的构造过程经过先验单子的共体化而导向单子宇宙，经过其世界客体化而导向所有人的世界的构造，这个世界对胡塞尔来说是真正客观的世界。

由此可见，主体间性在胡塞尔的现象学中就是一个重要的策略性概念，为的是防止在进行了现象学还原以后所面对的事实的世界变成一个纯粹的唯我的意识世界，需要有一个先验的自我或世间的自我与他人的共在体或共体化，这样才可以构造出一个客观存在的生活世界。其实这里所说的主体间性不过是一种掩耳盗铃的自欺欺人的哲学狡计，它根本无助于消弭胡塞尔的主观唯心主义的本体论性质。但是，主体间性却对哲学和美学在现代主义和后现代主义的反对启蒙主义以来的现代性的主体性哲学和美学提供了一个可以使用的武器，用主体间性这个武器恰好可以消解启蒙主义以来的现代性哲学和美学的主体—客体二元对立的主体性哲学，让哲学和美学回到人的生活世界，避免那种离开人类生活世界的客体与主体的隔绝和对立。这也就是我们多次说过的西方美学的发展大趋势：自然本体论美学（公元前5世纪—公元16世纪）、认识论美学（16—19世纪）、社会本体论美学（20世纪60年代以前的现代主义的精神本体论和形式本体论美学，20世纪60年代以后的后现代主义语言本体论美学）。主体间性概念诞生于20世纪初现代主义的现象学哲学和美学中，用意正在消除主体与客体之间的对立和隔绝，让主体与主体之间的相互关系和相互作用来构造一个与人不可分离的生活世界，在现象学美学中构造出一个由作为主体的作家和作为主体的读者，甚至作为主体的作品之间的相互关系和相互作用的审美世界，从而排除那种离开审美意识经验的客体的存在。这些当然是有积极意义的。而到了后现代主义的语言学转向以后，语言的主体间性、对话、交往、沟通、交流的性质特点，使得后现代主义的哲学家和美学家进一步地运用主体间性来消解主体—客体二元对立的现代性的主体性哲学和美学，用主体之间的相互关系和相互作用来取代和消融主体与客体之间的相互关系和相互作用，在哲学和社会理论中就是哈贝马斯的交往理性的理论，在美学中就是本体论的解释学美学（海德格尔、伽达默尔）、接受美学（姚斯）、读者反应理论（霍兰德、伊瑟尔）、解构主义美学（德里达、福柯）等。

关于这一点，国内已经有不少的研究者做了一些概括。李文阁指出：现代哲学是根本反对二元对立的，现代哲学之所以解构二元对立、主张人与世界的统一，正是为说明在人的现实生活之外并不存在一个独立自存的、作为生活世界之本原、本质和归宿的理念世界或科学世界。现代主义和后现代主义反对本质主义，主张生成思维，它具有许多特点，其中有一点就是重关系而非实体，它认为现实生活世界是一幅由种种关系和相互作用无穷无尽交织起来的画面，其中的任何事物都不是孤立的，都处于与其他存在物的内在关系中：人是大写的人，是共在；人与自己的生活世界也是内在统一的，人在世中，而非居于世外。人无非就是社会关系的总和。大卫·格里芬就曾指出，后现代的一个基本精神就是不把个体看作是一个具有各种属性的自足实体，而是认为个体与其躯体的关系、他与较广阔的自然环境的关系、与其家庭的关系、与文化的关系等，都是个人身份的构成性的东西。不仅人是关系，语言也是关系。单个词并不具有孤立的意义，语词的意义就是在与其他语词的关系中获得。曹卫东在评述哈贝马斯的交往理性理论时指出：为了克服现代性危机，哈贝马斯给出的方案是交往理性。而所谓交往理性（kommun ilkative rationalitt），就是要让理性由以主体为中心（subjektiv orientiert），转变为以主体间性为中心（intersubjektiv orientiert)，以便阻止独断性工具行为继续主宰理性，而尽可能地使话语性交往行为深入理性，最终实现理性的交往化。

理性的交往化应当以普通语用学（universale pragmatik）为前提，在一个理想的语言环境中，从分化到重组。哈贝马斯的批判理论则把主客体问题转化成为主体间性问题，不但在主客体之间建立了协同关系，更要在主体之间建立话语关。哈贝马斯把真理的获得不是放到主体与客体之间，而是放到主体与主体之间；所依靠的不是认知，而是话语。沈语冰也说，事实上，胡塞尔后期转向重视研究生活世界的问题，维特根斯坦后期强调在生活形式中确定语词的意义和否定私人语言成立的可能性，这说明西方自笛卡儿以来的带有唯我论色彩主体主义的哲学路线发生了一种转机，从人在世界上的主体际的交互活动的角度来研究自我、意识、社会和文化成了新风尚。哈贝马斯提出，要想解决这个问题，唯一的出路就是转换思路，实现意识哲学向语言哲学、主体性哲学向主体际哲学的范式转换。这些评述主要是以肯定主体间性概念及其积极作用为主的，当然也是有一定道理的，必须给予主体间性以合理性的地位。

然而，也有些学者对主体间性概念持批评的态度，甚至有时非常激烈。俞吾金就持这种态度。他认为：诚然，我们也承认，在西方哲学的语境中，当代哲学家对近代西方哲学的核心观点主客二分的批判和超越自有他们的合理之处。但一来他们提出的观念并不一定是新的，事实上，马克思早在150多年前就提出了人的本质在其现实性上是一切社会关系的总和的观念，而这一观念强调的也就是主体间性。二来他们的观念并不适合于当代中国社会这一特殊的语境。因为在西方大思想家们的视野中，主体性主要不是认识论意义上的概念，而首先是本体论意义上的概念，即道德实践主体和法权人格，而本体论意义上的主体性在当代中国社会中还根本没有被普遍地建立起来。尚未建立，何言消解？如果连这样的主体性也被消解了，或被融化在所谓主体间性中了，那么谁还需要对自己的行为承担道德责任和法律责任呢？须知，从时间在先的观点看来，主体间性总是以主体性的确立为前提的，没有主体性，何言主体间性？从逻辑在先的观点看来，主体间性则是主体性的前提，因为在人类社会中，我们绝对找不到一个孤立的、与社会完全绝缘的主体。在这个意义上，我们也可以说，主体间性完全是一个多余的概念。有哪一个主体性本质上不是主体间性呢？又有哪一个人在谈论主体性时实质上不在谈论主体间性呢？任平说，古代理性指向大客体，近代理性指向单一主体，都是将理性封闭在单一主体—客体的模式中，这是造成理性意义的绝对化和僵化的根源。

后现代哲学正是在这一意义上抛弃理性，用多元话语消解理性，以主体际关系与理性相对立。与此相反，交往实践的理性基点是一种新理性，其向度不是回归到古代哲学的客体理性话语，也不是导向近代单一主体中心理性，更不是步后现代哲学的非理性后尘，而是指向主体—客体—主体结构的交往理性。由于交往理性的关联，任何一方主体的理性，实际上都不过是多级主体交往理性的一部分。在交往理性的结构分析中，交往实践的机理才能够展示、出场。这些论述应该说也是非常有道理的。

如此，美学是以艺术为中心研究人对现实的审美关系的人文科学，而生态美学则是以生态艺术为中心研究诸多审美关系的科学，生态美学应该是一般哲学美学的分支学科。所以，我们可以认同，美学和生态美学研究的哲学基础应该是20世纪以来所发展的关系性哲学，或者叫间性哲学、交互性哲学，也就是反对传统的形而上学的追问世界根源的实体性，而着眼于世界根源的关系性、间性、交互性，但是不能简单地把美学和生态美学的哲学基础归结为主体间性哲学。因为实际上，世界上的存在之间不仅具有主体间性，还有主客体间性，也有客体间性，当我们研究人对自然的审美关系的时候，就不仅仅是人与自然的主体间性，还有人与自然的主客体间性，还有人与自然的客体间性，只有在这些生态关系中，才可能探讨清楚生态美学的规律性。此外，我们认为，人与自然的主体间性是一种意识的、想象的、艺术的结果，在现实中，无生命的或者非人生命的自然界的存在是不可能成为真正哲学本体论意义上的主体的。按照现在通行的解释，主体作为哲学范畴应该是：哲学范畴。与客体相对，指具有意识的人，是认识者和实践者。主体与客体，用以说明人的实践活动和认识活动的一对哲学范畴。主体是实践活动和认识活动的承担者；客体是主体实践活动和认识活动的对象。根据权威词典的解释，主体应该是有意识的、自觉的、主动的存在者，而现实中存在的任何与人相对的自然存在物都不可能是哲学意义上的主体，而只可能在人的意识之中、想象之中、艺术作品之中成为主体。所以，笼统地、一般地说主体间性应该是生态美学的哲学基础是不妥当的，不精确的，不完全的。

而且，抽象地说，当代的主体间性哲学要代替传统的主体性哲学，也是没有现实和历史根据的说法。实际上，传统的哲学也不完全是主体性哲学，当代的哲学也不完全是主体间性哲学，而是二者都有其存在的理由和价值，都应该在一定的范围和域限之内对美学和生态美学的研究发生作用，超过了它们的一定范围和域限就会产生荒谬的结论，真理向前超出半步就是荒谬。而且西方哲学所谓“主体间性”的概念，不论是胡塞尔的主体间性，还是海德格尔在胡塞尔的“主体间性”基础上所阐发的共在，或者是马丁·布伯的《我与你》，甚至是巴赫金的《对话》，哈贝马斯的《交往理性的主体间性》，都是有其特殊的语境和含义，也有其策略性、局限性、偏激性，必须对其进行甄别和批判借鉴。我们不能跟着西方现代主义和后现代主义的思路亦步亦趋，我们应该走自己的路，走全面、科学、系统、可持续的发展之路。

所以，我们倾向于把“主体间性”作为现代主义和后现代主义哲学以及美学消解启蒙主义的现代性的主体—客体二元对立的主体性哲学的策略，是有其方法论上的合理性的。但是，如果看不到主体间性的片面和偏激，反而把它奉为神灵，那就只会使自己陷入后现代主义早已在其中挣扎的泥沼中。

实际上，在人对自然的审美关系中，主体间性概念，并不具有本体论意义，因为在存在的本源和方式上，人对自然可以是主体，但是自然对人却不可能成为现实存在的主体，而只可能在人的审美想象、审美移情、审美意象等审美心理现象中成为主体，所以，主体间性在人与自然之间不可能成为现实的存在本源和方式，而仅仅是一种意识的现象，那么，主体间性就不可能成为生态美学的本体论哲学基础。换句话说，我们不能把生态美学的哲学基础放置在非现实的存在及其本源和方式之上。那样的话，建立在主体间性的哲学基础之上的生态美学就不可能真正现实地解决当前人类所面临的生态环境的一系列问题，那么，这样的生态美学就只能是一种玄学，人与自然的平等、对话、交流都只能是一种意向，一种愿望，一种设想，根本就不可能付诸实践。

从认识论来看，主体间性对于生态美学也是不合适的。人的一切意识（认识）都是对一定对象的意识，然而，在人与自然之间，在人对自然的审美关系中，人永远是意识的主体，自然永远是意识的客体，无论在什么情况下，自然都不可能成为意识的主体。就是在艺术作品中自然物成为了意识的主体，可以有认识、情感、意志，那也是拟人化的结果，也是想象的产物，并不是现实的意识主体。所以，认识论中就必然有主体和客体之分，这也是为什么在16—19世纪西方哲学完成了认识论转向以后就流行主客二分的思维方式的根本原因。

从价值论来看，主体间性更是不合适的。马克思说，价值是表示物对人有用或使人愉快等的属性，实际上是表示物为人而存在。马克思又说，随着同一商品和这种或那种不同的商品发生价值关系，也就产生它的种种不同的简单价值表现。例如，在荷马的著作中，一物的价值是通过一系列各种不同的物来表现的。因此，可以说，马克思主义哲学认为价值的一般本质在于：它是现实的人同满足其某种需要的客体的属性之间的一种关系。根据以上所述，我们可以说，马克思主义的价值论是一种实践价值论。首先，实践价值论认为，任何事物的价值的根源都是社会实践。正是在人类的社会实践中，由于人的需要使得人与现实事物发生了各种关系，才生成出了事物的某种价值。这就是价值的实践生成性。其次，实践价值论认为，价值的本质是一种关系属性，而不是一种实体属性。正是在人类的社会实践中，对象事物的某些性质和状态满足了人的某种需要就使得对象事物与人发生了某种肯定性的关系从而具有了肯定性的价值，反之就发生人与现实的否定性关系从而具有了否定性价值。因此，它是一种永远不可能离开人、人的需要、人类社会的属性。这就是价值的实践关系性。

最后，实践价值论认为，价值具有客观性。尽管任何价值都离不开人、人的需要、人类社会，但是，由于生成价值的社会实践是人的现实的、感性的、对象化的、物质的活动，所以，尽管价值离不开人、人的需要、人类社会，但是它可以离开人的意识而独立存在，并且不会任意地由人的主观意识来决定，也不会任意地随着人的主观意识而改变。这就是价值的实践客观性。实践唯物主义可以作为生态美学的哲学基础，建立起实践美学的生态美学，或者叫作实践论生态美学。不过，实践论生态美学也只是一种生态美学的形态，完全可以在与其他形态的生态美学的对话、交流中，逐步建构起中国特色的生态美学。

第七章　环境美学与生态美学的联系与区别

曾繁仁是这个领域的第一个拓荒者。早在 2008 年，曾繁仁就发表了《论生态美学与环境美学的关系》一文，提出生态美学与环境美学的关系问题一直是国内外学术界所共同关心的问题，并在阐述二者关系的基础上着重讨论了二者的 4 点区别。这是较早涉及生态美学与环境美学关系的论文，因而具有较大的学术价值。随着时间的推移和国际学术交流的加强，中国学者对西方生态美学的了解逐渐加深，为重新讨论生态美学与环境美学的关系提供了更加坚实的知识基础。针对这一问题，本书采取历史与逻辑相统一的研究方法，以相关文献发表的先后为顺序，以环境美学与生态美学可能存在的几种关系为理论支点，拟从如下 5 个方面展开讨论：①环境美学与生态美学的不同开端与二水分流；②在环境美学框架内发展生态美学；③将环境美学等同于生态美学；④吸收环境美学的理论资源来发展生态美学；⑤参照环境美学，通过充分吸收生态学观念、彻底改造传统美学而发展生态美学。

从历史层面来说，以国际美学的当代发展为参照，在环境美学与生态美学相互交织的理论地图上，厘清二者各自的发展线路与发展过程；从理论层面而言，明确界定环境美学与生态美学各自的侧重点与特定问题，以便我们将二者的研究进行得更加深入。

一、环境美学与生态美学的不同开端与二水分流

国际学术界公认，环境美学正式发端于赫伯恩的《当代美学及对自然美的忽视》。该文正式发表于1966年出版的《英国分析哲学》一书，赫伯恩也因此文而被称为“环境美学之父”。在这篇文章里，赫伯恩试图突破分析哲学的藩篱，辨析对于艺术的审美欣赏（艺术欣赏）与对于自然的审美欣赏（自然欣赏）之间的差异。他主要讨论了两点。第一点可以概括为“内外”之别：对于艺术欣赏，欣赏者只能在艺术对象“之外”欣赏它；但是，对于自然欣赏，观赏者可以走进自然审美环境自身“之内”——“自然审美对象从所有方向包围他”，也就是说，欣赏自然时，“我们内在于自然之中并成为自然的一部分。我们不再站在自然的对面，就像面对挂在墙上的图画那样”。从欣赏模式的角度而言，“内外”之别就是“分离”（detachment）与“融入”（involvement）之别：前者主要是艺术欣赏的模式，而后者则主要是自然欣赏的模式——观赏者与对象的相互融入或融合。在赫伯恩看来，“融入”这种欣赏模式具有很大的优势，通过融入自然，观赏者“用一种异乎寻常而生机勃勃的方式体验他自己”。艺术欣赏与自然欣赏的第二点差异可以概括为“有无”之别——有无框架和边界。艺术品一般都有框架或基座，这些东西“将它们与其周围环境明确地隔离开来”，因此，它们都是有明确界限的对象，都具有完整的形式；艺术品的审美特征取决于它们的内在结构，取决于各种艺术要素的相互作用。但是，自然物体是没有框架的，没有确定的边界，没有完整的形式。对于分析美学来说，自然物体的这些“无”是其负面因素；然而，倡导自然美研究的赫伯恩却反弹琵琶，认真发掘了那些“无”的优势：对艺术品而言，艺术品框架之外的任何东西都无法成为与之相关的审美体验的一部分；但是，正因为自然审美对象没有框架的限制，那些超出我们注意力的原来范围的东西，比如，一个声音的闯入，就会融进我们的整体体验中，从而改变、丰富了我们的体验。自然的无框架特性还可以给观赏者提供无法预料的知觉惊奇，带给我们一种开放的历险感。另外，与艺术对象如绘画的

“确定性”（determinateness）不同，自然中的审美特性通常是短暂的、难以捕捉的，从积极方面看，这些特性会产生流动性（restlessness）、变化性（alertness），促使我们寻找新的欣赏视点，如此等等。在进行了详尽的对比分析后，赫伯恩提出：对自然物体的审美欣赏与艺术欣赏同样重要，两种欣赏之间的一些差别，为我们辨别和评价自然审美体验的各种类型提供了基础——“这些类型的体验是艺术无法提供的，只有自然才能提供。在某些情况下，艺术根本无法提供”。这表明，自然欣赏拓展了人类审美体验的范围，因而具有无法替代的价值，理应成为美学研究的题中应有之义。这等于为环境美学的产生提供了合法性论证。后来有不少环境美学家如加拿大的艾伦·卡尔森、芬兰的约·瑟帕玛等，都是沿着赫伯恩的理论思路而发展环境美学的。较早以“生态美学”作为标题的论著发表于1972年。这一年，加拿大学者约瑟夫·米克的论文《走向生态美学》发表于《加拿大小说杂志》，同年又收入作者的《存活的喜剧——文学生态学研究》一书，成为该书的第六章，标题是“生态美学”。

米克的立论从反思西方理论美学史入手。他提出，从柏拉图开始，西方美学一直被艺术对自然的重大争论所主导，审美理论传统上强调艺术创造与自然创造的分离，假定艺术是人类灵魂高级的或精神化的产品，不应该混同于低级的或动物性的生物世界。在米克看来，无论将艺术视为非自然的产品或人类精神超越自然的结果，都歪曲了自然与艺术之间的关系。达尔文的进化论揭示了生物进化的过程，表明传统人类中心的思想夸大了人类的精神性而低估了生物的复杂性。从19世纪开始，哲学家们重新考察生物与人类之间的关系，试图根据生物学知识重新评价审美理论。在这种研究思路的引导下，米克依次研究了人类的美、丑观的本源，认为审美理论要想更成功地界定美，就应该借鉴一些当代生物学家和生态学家已经形成的自然与自然过程的观念。简言之，在达尔文生物进化论的基础上注重人类的生物性，根据当代生物学知识、生态学知识来反思并重构审美理论，这就是米克所说的生态美学的思想基础和理论内涵。

米克还具体分析了各个艺术门类的特性：空间（或视觉）艺术如绘

画、雕塑和设计，最佳的类比是自然中有机体的物理结构；而时间艺术如文学和音乐，则能够从生物过程的视角得到最佳阐明——各种生物过程又通过演化的时间框架和生态演替而得到解释。这就意味着，可以借用一些生态学术语诸如生态演替（ecological succession）来解释艺术。米克使用的生态学术语还有生态系统（ecosystem）、生物稳定性（biological stability）、生物完整性（biological integrity）或生态整体性（ecological integrity）等，他甚至推测：时间艺术中的快乐与生物生态系统的稳定过程中的快乐之间，可能存在着共同的基础。审美体验是美学的关键词之一，米克试图运用生态系统这个概念来解释审美体验。他认为，艺术品之所以令人愉悦，是因为它们提供了整体性体验，将高度多样性的因素整合为一个平衡的整体。一件艺术品就像一个生态系统，因为它传达统一的体验（unitive experience）；艺术品中每一个要素都应该与其他要素有机地结合在一起而形成一个系统整体。对于令人愉悦的景观或艺术品，生态整体性原理是内部固有的。米克还从环境的长期稳定性的角度，批判了以人为中心的伦理传统与善恶标准，提醒人类重视生态系统的完整性。他认为，对于生态系统整体最大限度的耐久性而言，最大限度的复杂性和多样性是最重要的，也就是说，是否有利于维护生态系统的复杂性和多样性，应该成为人类的价值准则。

米克还批判了横亘于科学家与人文学者之间的理智偏见，倡导打破科学与人文之间的学科界限，跨越科学与人文之间的鸿沟。特别意味深长的是，米克最后提出，生态学是关于实在的富有说服力的新型模式，为调和人文探索与科学探索提供了难得的机遇。生态学展示了人类与自然环境的相互渗透性（interpenetrability）。这个结论表明了米克生态美学的理论取向：充分借鉴生态学知识，将美学研究奠定在生态学基础上。赫伯恩与米克的两篇论文没有什么关联，二者的理论思路也迥然不同：一个从分析哲学出发研究自然审美与艺术审美之别，另一个则借鉴生态学的观念及其基本概念重新阐发审美理论。这表明，大体上同时出现（二者出现的时间只相差 6 年）的环境美学与生态美学是两种不同的美学新形态。

在环境美学框架内发展生态美学并将赫伯恩视为环境美学的开创者，某种程度上是后来者对环境美学之发展历程进行历史追溯的结果，并不完全符合历史发展的真实情形。因为，根据当代著名环境美学家阿诺德·伯林特和艾伦·卡尔森等人的口述，他们都是在进行环境美学研究很久以后才看到赫伯恩的那篇论文的。正式打出环境美学大旗的是艾伦·卡尔森与巴里·萨德勒主编的《环境美学阐释文集》。这本论文集正式出版于1982年，所收录的是举办于1978年的“环境的视觉质量研讨会”的会议论文，与会代表分别来自哲学、文学、景观设计和地理学等领域。编者在该书的前言中提到，环境美学现在是地理学家认真研究的对象，应该采取跨学科的方式和多重视角来研究人与环境的审美关系；本论文集正是这一研究进程的正式开端。1988年由杰克·纳泽编辑的《环境美学——理论、研究与应用》出版。该书是1982年和1983年两届“环境设计研究学会会议”的会议论文集，共收录32篇论文，其中包括环境美学家伯林特的《环境设计中的审美知觉》等，作者们分别来自景观设计、环境心理学、地理学、哲学、建筑学和城市规划等领域。该书前言指出：环境美学代表着经验美学（empirical aes-thetics）与环境心理学两个研究领域的合并——这两个领域都采用科学方法来解释物理刺激与人类反应之间的关系。简言之，本书关注的是如下两个核心问题：人们如何回应其周围环境的视觉特征？设计师能够做些什么来改善这些环境的审美质量？围绕这两个问题，本书从理论上探索了人—环境—行为之间的关系，还强调将审美标准具体运用到设计、规划和公共政策中。

在上述学术背景中，出现了高主锡的生态美学。韩裔美籍学者高主锡从1978年开始就借鉴阿诺德·伯林特的“审美场”概念（一种现象学美学的普遍理论），试图将其与他自己称为生态设计的环境设计理论联结起来，旨在创造一种可以运用于设计实践的美学理论。他于1988年发表了《生态美学》一文，在环境美学的基础上发展出了自己的生态美学。高主锡认为环境美学有两种含义。一是“环境美学”（aesthetics of the environment），也就是以《环境美学阐释文集》为代表的环境美学。高主锡批评这种环境美学，认为它植根于人与环境二元论观点的基础上，其缺陷与实证主义的形式美学相关。二是生态美学——一种关于环境整体的、演化的美学，就像伯林特在其审美场概念中表述的那样，既适用于艺术品，也适用于人建环境。在高主锡的论著中，建筑、景观和城市都是不同的环境，都属于“环境设计研究的对象，都可以与生态设计理念贯通起来。他认为，环境设计的目的是构建人性化的、家园式的、供人分享的环境，指导这种设计的理念应该是生态设计。他的生态美学就是这种设计理念的概括。因此，他的美学理论可以概括为生态的环境设计美学，是在生态思想基础上对于一般环境美学的批判与超越。高主锡从 11 个方面对比了形式美学、现象学美学与生态美学。他认为生态美学的哲学基础是整体的、生态的、演化的、主客体统一的；在生态美学中，设计师（艺术家）倾向于创造以体验/环境为中心的艺术（例如，创造处于演化中的环境）；生态美学强调整体的意识、无意识体验与创造力，等等。在构建生态美学时，高主锡确认并辨析了与设计原理、美学理论相连的核心概念，提出包括性统一、动态平衡和补足三个原则是美学的生态范式。前两个概念是对于传统形式美学原理中统一与平衡两个概念的扩展，最后一个概念则是在吸收东方建筑美学基础上的独立创造。需要特别注意的是，高主锡在讨论他的三个核心原理时，都首先将其作为创造过程的原理来论述，然后才将之作为环境设计中的审美原理来研究。这表明，这三个概念是贯通自然规律和人造环境的桥梁，是整个宇宙的普遍原理，使我们很容易联想到生态学中的自然过程（natural process）这个概念。

与高主锡近似，中国学者李欣复也试图在环境美学的整体框架内发展出生态美学。关于李欣复的生态美学，国内学者一般只重视他发表于 1994 年的《论生态美学》一文，不少学者认为这篇文章是生态美学的开山之作，甚至据此认为生态美学是中国学者的首创。在我们了解到西方生态美学之后，首创之说已经完全不可靠了；但是，国内一些学者至今依然没有准确揭示李欣复生态美学的理论来源，因为他们忽视了作者此前的一篇文章《论环境美学》，也就是说，忽视了中国环境美学对于生态美学的决定性影响。

中国学者的环境美学研究大体上始于1980年左右。例如，一篇题为《环境美学浅谈》的论文提出：环境美学研究的主要对象是人类生存环境的审美要求，研究环境美学对于人的生理和心理作用，进而探讨这种作用对人们身体健康和工作效率的影响。就是在这种学术背景下，李欣复于1993年发表了《论环境美学》一文。该文提出环境美学是一个新学科，其个性特质就是以研究时空环境在主客体审美交流活动中的地位作用和美的发生构成与价值中的身份角色为主要内容、任务和标志的，这是它与普通美学及其他美学学科的区界和分工。简言之，李欣复的环境美学所研究的核心问题是环境在美的发生构成中的地位作用，而他所说的环境包括自然地理环境、文化社会环境、政治环境等方面，后两方面环境的含义很大程度上近似于通常所说的背景，因此与西方环境美学大异其趣。

作者次年发表的《论生态美学》是对《论环境美学》的理论延续或延伸。该文认为，生态美学的研究对象是地球生态环境美，所以，生态美学是环境美学的核心组成部分。作者的理论逻辑如下：美学是研究美的学科，因此，环境美学顺理成章就是研究环境美的学科；生态环境学等学科表明环境具有生态特性，所以，生态美学的研究对象是生态环境美，只不过在环境美学的研究对象环境美加上了“生态”二字而已。这是中国当代主导性美学观在环境美学与生态美学研究中的具体表现，后来不少学者继续沿用这种美学观来进行研究，或坚持环境美学的研究对象就是环境美，或提出生态美学的研究对象就是生态美。这种美学观极其严重地制约了环境美学与生态美学的理论探讨与发展，值得我们深入反思和批判。

二、将环境美学等同于生态美学

中国学者最早接触生态美学这个概念，大概始于《国外生态美学》一文。该文原来发表于俄罗斯《哲学科学》1992年第2期，当年年底就被中国学者翻译成中文在国内发表。认真研读这篇文章会发现，尽管论文的标题是生态美学，但文章的内容基本上都是环境美学。这表明了学术界的一种学术倾向：将环境美学等同于生态美学。该文首先讨论的问题是作为审美客体的环境，认为审美客体问题是环境美学的精髓。作者准确地指出，环境美学争论的首要问题是环境区别于其他审美客体的特点，这正是赫伯恩环境美学的核心论题。这个问题中涉及的环境美学家主要是芬兰的瑟帕玛。该文讨论的第二个问题是环境美学与艺术哲学，主要围绕着自然问题而展开，其核心观点是：环境美学中所说的自然不同于艺术哲学中的自然，该部分涉及的环境美学家为加拿大的卡尔森。以上概括表明，作者并非不知道环境美学，但还是以生态美学来作为标题，并不断在论述中将二者混为一谈。《国外生态美学》这篇文章对于中国生态美学的影响具有正负两面性。从正面来说，它推动了中国生态美学的发展，使此前零星出现的生态美学概念受到更多的关注，中国学者开始自觉地构建生态美学理论；从负面来说，由于它将环境美学与生态美学视为同一个概念，导致国内一些学者不加分辨地认为欧美的环境美学实际上就是生态美学。这种情况也为西方学者所沿袭。例如，出版于2010年的《现象学美学手册》收录了由美国学者特德·托德瓦因撰写的生态美学词条，它开门见山地将生态美学的研究对象界定为对于世界整体——包括自然环境和人造环境——的审美欣赏。尽管作者在行文中也使用了“环境美学”这个概念，但是，却把环境美学家伯林特的美学称为生态美学，所引用的文献正是伯林特环境美学的两部代表作：一部是出版于1992年的《环境美学》，另一部是出版于1997年的《生活在景观中——走向环境美学》。作者提出当代生态美学的核心问题是对于艺术品的审美欣赏与对于自然的审美欣赏之间的关系。我们知道，这个问题正是赫伯恩环境美学的核心问题，后来被伯林特、卡尔森等环境美学家所继承和发展，而托德瓦因生态美学词条的主体部分也是围绕这个问题而展开的。

第八章　生态美学的基本规律

生态美学的基本规律揭示了地球生命系统有机统一、结构和谐以及自我组织、自我演化发展的固有属性，并因此能给人以美好感受的共性。生态美学不同于生态科学之处在于，它所揭示的规律和原理具有相对独立的价值，即自然美价值。人类对生态系统的保护和建设，在很大程度上要根据美学规律进行。马克思早就指出，人类生产和动物生产的区别就在于：动物是按照它所属的那个种的尺度和需要来建造，而人却懂得按照任何一个种的尺度进行生产，并且懂得怎样处处都把内在的尺度运用到对象上去。因此，人也按照美的规律来建造。由于人类生产活动对生态的影响日益增大，人类在建设人工自然的活动中，必须遵循合规律性、合目的性和审美性的统一。生态美学规律作为自然和社会复合系统的规律性，对于我们科学地设计建设以人为本的地球生态系统具有重大理论和实践意义。

一、天人和谐律

在人类没有出现之前，洪荒中的宇宙和地球生命系统的结构、演化也具有统一和谐性。在我们太阳系演化的这一特定阶段，地球上有了水的存在，生命系统由低级到高级，由简单到复杂，呈现出一幅和谐的图景。但在没有人作为审美主体诞生之前，自发自在的宇宙和谐图景是没有审美价值的。人类产生后，逐步控制了生态生产链的最高端。一方面，人类的生产和消费改变了原始生态面貌；另一方面，又找到了新的平衡点，用生态生产和生态消费弥补了地球表层生态的恶化。一方面，大片的原始森林被砍伐，大片的绿色植被区变成了城市和居民区，一些农田和草场因过度开发而退化成了沙漠；另一方面，人类也运用科学技术大大提高了单位土地上的生产率。大量河流因为人工控制而减少了洪水泛滥，从而减轻了对流域内生态的破坏作用；森林、草原因为人类的保护而减少了天然焚烧的破坏。地球上天然生物种群的数量有下降趋势，但是，种群数量的减少恰恰为人工培育的、供人类直接消费的生物的高效生产留下了空间。

在美国的保罗·H. 高博斯特看来，人们对森林的看法以及森林对人类的意义极为重要，它们决定了“生态系统管理”的社会接受性和相关的新林学项目。多数情况下，这些想法建立在“风景审美”的基础上，“风景审美”极为引人注目，但这种美学消极看待自然的变化。相反地，要想通过生态系统管理实践而对生物多样性的森林做出正确的评价，这取决于现实环境的微观、多模态特征，取决于后天培养、有区分力的美学态度，而非那种直接化、情绪化的态度。奥尔多·利奥波德等人迅速接受了“生态美学”，但社会却不可能如此迅速地接受。美学价值和生物多样性价值之间存在感知冲突，但是，“适应性”这个概念可以解决这种感知冲突，当然，这是短期内的一种解决方式。对感知适应性的评价不同于风景学评价，它引发出“谁才是属于这儿”等问题，并且力图将美学和生物多样性的目标结合起来，而非穷尽其所有目标。①

从 20 世纪 60 年代开始，人类逐步认识到工业化社会中那种以消耗自然资源和一次性能源为基础的大规模生产造成对生态平衡日益严重的破坏，引发了污染、人口膨胀、物种减少和大气成分改变等不利的效应，从而形成了保护环境、重建生态和谐的可持续发展观。这是人类遵循天人和谐规律进行社会生产和自身种的生产实践发展的新阶段。中国古代农业社会就萌发了天人合一的朴素有机系统自然观，认为人道（人文社会活动规律）因乎地道（大地及地理环境的制约），地道因循天道（天文、气候及

① ［美］保罗·H. 高博斯特：《生态系统管理实践中的森林美学、生物多样性、感知适应性》，参见李庆本主编《国外生态美学读本》，长春出版社 2010 年版。

整个自然界的运动规律），最高的主宰是自然，这是《周易》哲学思想的渊源，其后又在儒道学说中得到发展。《老子》说："万物负阴而抱阳，冲气以为和。"① "冲气"即含气，阴阳和谐方为自然生生不息、由一而多演化发展的根本。庄子认为天地与我并生，而万物与我为一。这种天人合一思想经过后代学者们演绎、发展，形成了天人感应论（董仲舒）、天人一本论（程颐、程颢）、天人一气论（张载、王夫之）、天人合一理论等不同形式，但都包含了人和自然有机一体，人因循自然、受自然规律支配的朴素观念。近代西方不少科学家、哲学家也根据大量的科学事实描绘、论证，揭示了宇宙的和谐以及宇宙与人的和谐关系，如开普勒、康德、海克尔、爱因斯坦等。狄拉克提出的大数假说和现代宇宙学家提出的人择原理等，都是以科学猜想的方式表述自然界与人的和谐规律。当代生态科学以最系统、丰富的观察实验材料展示人与自然的系统关系。人类是地球生命的有机组成部分，和其他生命系统不仅在演化链条上有因果关系，而且在现实的生存与发展中同地球生命系统及其他自然环境是有机联系的整体。人类的生命物质来源于自然界，并依靠自然界的物质、能量实现自组织，形成从胚胎发育到意识活动等自然发生过程。人类的社会生产活动同地球生态系统存在由食物链联结成的系统结构。人类生产水平的提高，其目的同自然演化的方向一致追求更高的生产率。当代以人为本的生产观，虽然强调人是发展的中心和目的，但其具体内涵却愈益强调人与自然和谐。只有在和谐关系中，人的生存价值才能得到最高的体现，人才能得到真正意义上美的和谐享受，人类才能实现高效率的可持续发展。

二、破坏创生律

生态系统的统一不是简单的统一，而是复杂多样性的统一。这种复杂性是自然界由一到多逐渐演变的结果。这个过程，是旧的生物个体、种群不断消失和毁灭与新的个体种群相继出现的过程。世界各民族的古老传说

---

① 《老子》四十二章。

中都有混沌初分创生说和洪水泛滥毁灭之后的再生说。印度传统哲学认为梵天（自然）的生命是有周期的，每一个周期称为劫，大约是160亿年，在这期间，宇宙中的生命也还会经历多次的毁灭与创生。印度教中的主神湿婆是最受崇拜的神，他兼司创造与毁灭。最著名的印度传统艺术形象——湿婆的舞蹈，即象征着宇宙中生命创生与毁灭交替的运动的规律。现代科学表明，当宇宙从原始火球开始爆炸的一瞬间，那无疑是一场毁灭的景象。但正是在这大爆炸中，最初的物质粒子创生了，而且它们的数量和比例关系，在最初的几分钟就大致确定下来。太阳系是在第一代恒星毁灭与破坏产生的灰烬中再生的。正是这种毁灭与创造使太阳有了较多的重物质，这是地球上凝固的地壳和生命得以生成的物质基础。尽管原始地球的太空中可能生成有机物，产生生命物质的片段，但真正生命的孕育，是在地壳圈层的边界处。

最早的原始生命可能有35亿甚至37亿年的历史，但真正在生命演化史上最有意义的事件是5.4亿—5.3亿年前寒武纪的生命大爆发。生命的进化并不像达尔文猜想的那样是由低到高逐渐发展的。在5.3亿年前，有硬壳的三叶虫、节肢动物虾、软体动物等多种门类的生物几乎同时出现在地球上。原始地球上的突变是经常发生的：火山、地震可能毁灭了成片的原始生命，但同时它们创造了地球表面的天然能源和巨大蓄水湖泊、海洋和峡谷、河流，生命的绿谷最有可能在这里孕育，并同时形成多层次的分布。在地球生命系统进化的历史上，有一些物种曾经占据统治地位，随后却盛极而衰，突然走向灭亡。例如，从侏罗纪到白垩纪（1.95亿—0.67亿年）地球上蕨类植物、银杏、苏铁树曾经遍布各地，各种爬行类恐龙、飞行的恐龙称霸于地球上亿年。但到6000万年前的白垩纪末期，它们却突然消失了，只留下丰富的地质化石。虽然消失的原因不详，但根据今天人类繁衍发展的速度以及对生态链的破坏作用可以推想，恐龙种群的过度繁衍肯定会造成当时生态的恶化。从恐龙巨大的躯体和原始的智力水平看，它们可能吃光地表的绿色植物进而发展到同类相食，导致相关生物种群灭绝。同时，却为地球上鸟类和小爬行类的生存繁衍留下空间。在距今250

万年前第三纪到第四纪时期，地球上气候有过多次大的波动，冰川时期的寒冷气候可能导致大批生物种群的死亡，包括人类的祖先，但也可能迫使种群迁徙，促进生物进化。间冰期全球气温上升，海水淹没许多低地，洪水泛滥摧毁无数生物的家园。幸存者只能聚集在较高的地区，适应新的环境，人类的进化也因此获得新的跃升契机。

今日地球上，大片的原始森林、草原消失了，再生的是繁华的城市和农田。在今日的农田和旷野之下，则可能沉睡着古代文明的遗迹。总之，没有旧的生命种群被破坏和消灭，就没有新的种群的创生和发展。大自然所具有的破坏力是盲目的，但却为生物和生态系统的自组织选择创造了一种新的环境。这种突变的破坏力还可以激发生物基因的突变，诱发种的多样性，使那些优化的适应性更强的新种系产生，具有更强大的生命力。人类的破坏行为则是有目的的，虽然人类行为也可能产生某些始料不及的后果，但总体上，人类破坏旧文明的行为是为了建设新的文明。虽然人类在建设农业文明的过程中破坏了原始生态，但在一个成熟的农业社会中，人们通过精耕细作找到了新的平衡机制。工业文明进一步破坏了农业生态平衡，但人们又设法通过绿色生产、循环利用、环境保护重建生态文明，动态地构建新的平衡。昔日的竹林茅舍、烧柴煮笋、野店沽酒的朴素生态之美虽然难以寻觅了，但现代的城市广场洁净繁华，同山水绿地、休闲公园、林荫大道相互衬映，别有一种生机与活力美。生物物种的减少是令人担忧的事，但人类通过对自然的征服，更便于控制人工自然的生态建构。人们培育选择了那些对人有利的物种，抑制甚至消灭了一些对人有害的物种，新的平衡点体现了以人为本的价值观。

三、动态平衡律

自古以来，哲学家、艺术家对事物形式美就有不同的看法：有的人认为对称是美的，如古希腊的毕达哥拉斯学派，认为几何形体中球形和圆形是最美的，因为它们看上去最为对称，令人产生一种平衡感。17 世纪英国画家荷迦兹认为，对称是美的，但过分的整齐并不美，错杂才会产生美。

由此可见，有两种平衡的表现形态：即以对称方式呈现的静态平衡和以奇异方式表现的动态平衡。自然界本质上是运动的，因而，绝对对称的事物是没有的。人们对于对称的追求，反映了人们心理上追求完美、平衡与和谐的倾向。美国心理学家阿恩海姆指出，形式的结构使人的感应包含了一种心理上力的平衡，如果在某一特定方向上吸引占了绝对优势，平衡被打破，在这个方向上也就产生了运动感。一件不平衡的构图，看上去则是偶然的和短暂的，因此也就是病弱的。它的组成部分显示出一种极力想改变自己所处的位置形状以便达到一种更加适合于整体结构状态的趋势。这不仅是一种视知觉特征，也是一种复合的总体感觉特征，包括事物内在结构和转化规律的要求。

从物质的微观结构来看，完全的时空对称和分布标志着一种高度无序化的混乱分布。例如，容器中的气体分子分布达到完全均匀对称，此时系统的熵达到极大值；而时间的对称意味着理想的可逆过程，它不仅排除了时间箭头，也排除了进化的可能。因此，物理世界、生物世界只有对称与奇异同时存在，即实现动态平衡才有美和美感，也才有事物的运动和发展。从时间意义上说，奇异意味着运动和发展；从空间意义上说，奇异是平衡样式的破坏。在更深刻的意义上，它是远离平衡状态下新的有序结构形成的前提。我们所观察到的现实生态平衡系统，都是在动态中保持着自身特有的美，例如，一个山野中的池塘，清澈而富有生机。不断流入池塘中的雨水尽管含有泥土和腐叶，但它为池塘中的水草藻类提供了营养。经过微生物的分解，水被净化了。鱼虾有稳定的食物来源，维持着生态平衡。人们甚至可以从塘中取水作为生活用水。因为这个小的生态系统是开放的，它同外界有物质、能量交换。当外界污染物超过了系统自身的分解吸收能力时，水过分富营养化了，水中的氧被消耗殆尽，生物因缺氧而死亡，系统的动态平衡被破坏了。20 世纪末，美国科学家试图建造一个封闭的生态平衡系统——“生物圈Ⅱ号”，终因无法实现系统内物质能量的自我循环、更新、利用而宣告终止。可见，没有足够物质和能量交换，或者物流、能流运动与系统内在功能不相适应时，生态系统将会趋于恶化。这主要是因为，系统内不同层次的生物通过食物链所建构的生产与消费平衡遭到破坏，该生态系统同人与环境的有机和谐共生关系将遭到破坏，它对人与环境将不再有利而是有害，该系统的生态美将不复存在。

四、节奏和韵律

运动中的节奏性（周期性）是自然界和人运动的共同规律，但并不是所有的节奏都能产生美感。山水之美在于它们在时空中呈现的韵律，它们同生命本身的运动规律协调、和谐。生命自身的运动方式，又是自然界长期演化的产物。从人体的机械运动，到化学的、生物的运动，都是同我们生活的星系、地球运动相协调的。生与死、工作与休闲，都适应昼夜、四季变化的巧妙安排。由于节奏和韵律是生命运动的固有规律，因此，人就以此作为美的原则。

音乐的美源于它用模拟、再造自然界和人们生命运动的节奏、旋律表达人与自然的和谐，激发人在情感上的共鸣。例如，音乐模仿自然界的松风、流水、鸟鸣、虫叫，引发人对自然母亲一般的依恋、回归的情感；模仿人的心跳、欢歌、笑语、哀哭、叹息、呐喊等引发人心灵的激动。因此，旋律和节奏是音乐的生命。地球生命系统如果离开了节奏运动，生命的活动停止了，美也将不复存在。生态系统也是一种物质和能量的律动。从空间关系上看，地球生命系统处在地球物质圈层的界面上，因为生存环境和生命特征不同区分为一系列子系统，如水生生态系统、陆生生态系统、水陆交界生态系统、半自然生态系统、人工生态系统等。不同的子系统孕育不同的生命群体，按各自固有的节奏运动。每年3—11月，北半球处于较温暖的季节，绿色生命处于快速生长期，呈现出欣欣向荣的绿色；南半球处于寒冷季节，景观表现为灰白色。11月到来年3月，情况正相反，南半球处于温暖季节，景观表现为绿色；北半球则因寒冷而呈现灰白色；热带地区年度变化节律不明显，但昼夜节律变化仍是明显的。从生态生产力的角度考察，陆地平均生产力大于海洋，而北半球陆地面积大于南半球，虽然全球总的热量不变，但上半年的生产力会高于下半年。这种季节性的律动是最明显的律动。

地球生命系统生生不息的自组织演化和律动中的平衡，其根本动力来自太阳的能量和地球自转及核反应能。这三大能源驱动了大气环流和洋流，输送热量和水，影响气候和降水及生物种群，特别是哺乳类和鸟类在生态系统之间有季节性和自主性迁移。人类生产和生物对物质循环也有一定影响。与此同时，地球物质循环形式也是多种多样的，如机械的、物理的、化学的、生物的。在各圈层之间的物质交换更新运动中，完成一个总循环可能需要几十万年到上千万年。一旦这种有序循环被破坏，生态的和谐也将受损。生活在温带的人们适应四季分明的环境，因为生物生长同这种环境相适应。

在自然生态系统中，人类社会存在作为一个生态群落，其社会生态运行往往产生“类”与“群”的效应。在人作为“类”的自体运行中，有无数生命个体的存在，有无数个体与个体、个体与社会建立的对象化的关系，同时还有人与自然所建立的生态关系。对于生态系统中其他生物种群的关系，人类则是以“群”的效应的整体性，即人的社会生态的组织结构效应与之建立对应关系，人与自然的生态共生性关系实际也是以这种“群”的效应而建立的。在人的群落整体或是社会生态结构中，还可以进行分类形成不同的结构之“群”，如家庭、群体、国家、区域、洲际等社会生态结构体，并且是复杂的、自组织性的结构体。马克思说：“人永远是这一切社会组织的本质，但是这些组织也表现为人的现实的普遍性，因而也就是一切人所共有的。”美国生态政治学家科尔曼评述默里·布钦克把“人类的社会特征视为自然进化的一部分”时说道：“人类是在自然世界中表现其自由、理性和伦理诸特点的，人类社会是作为自然之一部分而走向历史舞台的。与此相应，人类对自然环境的影响是通过其社会形式向外传递的。”对于生态系统，对于地球生命共同体来说，人类活动的组织性及产生的一切效果都是一种群落效应，这就是人的社会存在方式，其自组织状况实际呈现为社会生态状况，展示人的社会存在生态效应。

自人类产生以来，人们大多认同的是自身的群落利益，其群落效应

（社会效应）的指向主要是自身的生存和发展，或者是自身利益取向的最大化，对利益取向的极度追求也积聚着人类活动的强度。人类活动强度的构型及能量释放，对生态系统和生命共同体的整体稳定性及循环结构形成了强干扰效应，同时也对自身能够在生态条件下合理的生存产生了强干扰效应。人类要消解这种干扰，使自身能够从真正意义上获得生存和发展的合理性，以及全面、协调与可持续性，首先需要确证自己的生态位，需要形成和谐共生的氛围。尤其要认识这样一个极为重要的问题，即人类在生存与发展的过程中，在构建生存观与发展观的过程中，人类活动强度必然会对生态系统产生强干扰性。事实上，能够充分、合理、有效地认识这种负面效应，是人类不断走向成熟的标志，是人类能够沿着一条顺通的康庄大道走向未来的抉择。我们应该肯定，人类社会的群落效应对生命的体验，对生命能量的发挥所起到的作用与其他任何生物群落不同，因为人类能够超越对感性自然生命体的体验，而用人类特有的智慧去有效地、合理地控制和调整生命的体验形式及生命活动的需要状况，规范、约束并超越由此而形成的利益取向机制，并且人类的这种控制和调整度还富有情感想象性，具有伦理道德及审美升华意义。

德国学者约阿希姆·拉德卡说："导致环境忧虑产生的最强动力源于热爱与恐惧的相互作用。环境意识也能成为极具感染力的激情，如果对大自然的热爱（感官和超感官的）和对大自然的担忧相互结合……这种恐惧与担忧的相互交织始终处于现代环境运动的前沿。"情感、想象性能够唤起人们的爱意，促使人们去守望德行、坚守责任、践行义务，并能够深层次地表现着对生命的尊重、爱和责任，能够从心灵深处去敬畏生命，伦理性地关爱生命，不仅视生命为美的源泉，更重要的是，生命本身就是美的。

从人与自然生态的和谐关系方面说，多样与共生起码有两个层次：自然生态系统中的多样性与共生性是基础层次，其中包含着人类作为生命群落的存在；人类群落、社会存在及文化构成的多样与共生则是一个主要层次。我们指出人类需要这种多样性、丰富性及共生性，不仅是以自然生态的多样性为参照，去向自然生态学习，向自然生态去悟解自由生存的玄机，更在于社会生态存在本身就应该是多样的，并且往往以文化多样性状态来表现。对多样性及共生性的认同，不仅是价值观的问题，更是人精神—文化存在的必然要求。从这种意义上看，我们要促使社会生态和谐运行，要构建和谐性的生态社会，就要有生态性生存的价值观，其前提就要尊重多样性。科尔曼说："尊重多样性隐含了向自然界学习，以确立相应的环境价值观和社会价值观。""尊重多样性意在强调，各不相同的地区千差万别的生活经历理应导致全球范围内多姿多彩的文化经历和各具特色的生活方式。"

生态所认同的整体性，是多样性的丰富性和共生性的生态合理性的整体性，因而它要促成一种自组织性社会生态"合力"的形成，并特别注重个体存在的意义。其一，肯定个体存在的现实性及发挥个体存在的自由性；其二，推进由个体存在所形成的生存"合力"而强化社会生态结构的丰富性，这包括社会生产活动所体现的丰富性、多样性，也包括社会意识结构的丰富性、多样性；其三，促使社会生产方式及社会意识所形成的社会"合力"。生态系统作为一个自组织性的复杂结构，也是一个非线性、无序与有序相统一的社会生态"合力"的支持系统。

生态理念与社会生态结构形成的"合力"既是人的生命个体生存"合力"的基础，也作为个体生存"合力"的保证，为其提供良好的生存氛围及强大的社会生态与文化支持系统。反过来说，只有个体生存的多样性、丰富性，才能真正展示社会生态的丰富性、协调性，才能促成生态系统的多样性、丰富性，形成共生共荣与互惠互利的文化机制。恩格斯在论述"合力"时说："历史是这样创造的：最终的结果总是从许多单个的意志的相互冲突中产生出来的，而其中每一个意志，又是由于许多特殊的生活条件，才成为它所成为的那样。这样就有无数互相交错的力量，有无数个力的平行四边形，由此就产生出一个合力，即历史结果，而这个结果又可以看作一个作为整体的、不自觉地和不自主地起着作用的力量的产物。……但是，各个人的意志——其中的每一个都希望得到他的体质和外部的、归根到底是经济的情况（或是他个人的，或是一般社会性的）使他向往的东西——虽然都达不到自己的愿望，而是融合为一个总的平均数，一个总的合力，然而从这一事实中决不应做出结论说，这些意志等于零。相反地，每个意志都对合力有所贡献，因而是包括在这个合力里面的。”尽管恩格斯的深刻论述并不直接针对生态问题，但其中对个体存在的肯定，以及个体存在对社会历史结果及其“合力”形成所起的作用的充分肯定，也深含着一种社会生态思想。恩格斯充分肯定了社会历史结果产生过程中个体存在的多样性、丰富性，揭示了个体存在的必要性、必然性及意义。第一，恩格斯并不局限于对个体表层意义及多样性的肯定，而是充分肯定个体作为意志主体存在的意义，并且是希望得到“向往”和“愿望”的个体主体，而这种“向往”和“愿望”恰是作为社会推进力的经济情况而呈现。第二，恩格斯在肯定意志主体的多样合成时，并不机械地进行一种加和，肯定相互间的冲突，而是肯定个体的特殊生活条件及个体作为无数的力量而进行的“互相交错”。第三，恩格斯将这种“合力”及产生的历史结果，看作是多样存在的生命个体作为意志主体活动的产物，并且每个主体都对“合力”与结果做出了必要且充分的贡献。第四，从整体与部分的关系问题来说，个体主体之间的共生、共存，由互惠互利的驱动而进行的多样性、多向度、多层次的排列组合，对整体存在及“合力”的形成具有不可或缺性，而“合力”形成“力”的结构之和，或者是整体效应，理应大于系统整体本身，那么，这种历史结果所产生的效应理应具有未定性和无限性。

综上所述，作为人的存在的个体多样性和丰富性，个体生存与发展的驱动力的“合力”形成的过程，实际能够呈现社会生态的运行节律，能够显示生态系统形态的基本存在状况。

五、自主调节律

关于地球生态系统的和谐结构的形成，生态学界流行盖亚假说来解释，这是一个类似于天文学上人择原理的假说。盖亚是希腊神话中的大地女神。这个假说是关于地球生命系统同地球环境自洽和谐、自主调控状态的合规律性与合目的性相统一的解释，即认为地球生物圈、大气圈、水圈、土壤组成一个反馈控制系统，可以通过自身调节控制寻求并达到一个适合于大多数生物生存的最佳物理、化学条件。这个大系统的关键是生物。地球上各种生物对其环境是不断地主动起调节作用的。例如，地球上的有机体，特别是微生物把大气层作为原料库和废物库，逐渐改变了大气成分。经过长达数亿年甚至数十亿年的缓慢积累，为动植物，特别是高等动植物的出现创造了条件。地球表层的丰富多样性主要是由各种生命系统的活动表现出来的。火星地表过去可能有过相当多的水，它的大气成分和原始地球很相似，但因为没有生命，其面貌同地球根本不同。

地球生命系统的自主调节能力还可以从地球能量内稳态来证明。天文物理学家推算，自太古宙（45 亿—25 亿年前）以来，太阳对地球的热辐射强度至少增长 30% （有人甚至估计增长 70% ～100%），按物理机制，太阳辐射强度只要波动 10% 就足以引发地球海洋的干涸或冻结，其后果是很严重的，但实际上地质史上并没有发生过这么严重的灾变，根本原因是地球生命系统对地球表面的自主调节作用。人类文明对地球生态的自主调节更进入了一个新的阶段。同史前时代的自主调节相比，人类的调节是经过预测和设计的社会行为，当代的生态美学则是把目标的审美要求置于首位。从美学自身和发展历程看，人类审美活动关注的焦点集中于不同时代对美的本质的发现和再认识。从古代人推崇、欣赏人格化了的自然美（表现于对神灵和图腾崇拜），到工业文明中欣赏的生命美（表现于对人的生命力、创造力和生活实践的颂扬），今天则愈益走向两者的统一。当然，这种统一不是简单地把人的精神情感外推到自然界，而是从二者有机统一系统性出发，激发人类按美的规律去从事生产和学会生活。例如，不要把劳动作为一种压力，无论是体力劳动或脑力劳动，它们都是生命力的一种自然表现和进化动力。因为你爱美，所以你热爱劳动，渴望学习，渴求创造。

人们这种本质，也是从地球生命系统本质能力中升华出来，又在它的激发推动下进化发展的。我们不要只看到地球生态失衡引发的危机和挑战，也许，正是这种危机感和对审美的追求，成为生态建设的内在动力，促使我们要不惜代价，一定要建设美的地球、美的家园。

第九章　生态美学的中国话语

针对现代工业文明的杀生倾向及其背后隐含的本体论预设，将“生生之道”视为宇宙万物之本体。中国生态美学界认为人类物种是生态圈中的普通成员之一，其存在是依赖于生态圈其他成员的生态生存；人类活动的每一个层面都渗透着审美因素，因此人类物种可以被称为审美物种，其审美应该是基于其生态生存的生态审美；生态审美即“生态审美欣赏”的简称，其欣赏对象既可以是环境美学所侧重研究的各种环境及其所包含的各种事物（这是它与西方环境美学的重交集），也可以是当代生态运动中涌现的各种生态艺术诸如生态文学、生态绘画与生态影视等，“没有人类就没有艺术，也就没有艺术中的美。换句话说，科学中的美是‘无我’的美，艺术中的美是‘有我’的美”①；以“审美能力—审美可供性—审美体验”三元美学模式为框架而构建的生态美学可以更加有力地解释已然兴起的生态审美活动，可以有效地避免“生态美”的概念的偏颇而走向“生态审美”。

中国美学话语的失语症问题所反映的其实是中国学者的创造乏力，乃至创造无力。尽管我们的美学研究队伍极其庞大，各种各样的项目层出不穷，数量庞大的著述铺天盖地，但是，我们向国际美学界贡献的独特关键词是什么呢？这些关键词在多大程度上得到了国际美学共同体的普遍采用呢？如果这两个问题的答案都是否定性的，那么，中国美学的独特价值就

---

① 杨振宁：《科学之美与艺术之美》，《光明日报》2017 年 2 月 12 日。

会大打折扣。正是出于对上述境况的回应，中国生态美学研究者20多年前就开始了积极回应——力争独创。以西方生态美学为参照，中国生态美学的独特之处和理论实绩在于如下几个方面：

自觉地联系生态文明来构建生态美学。将生态美学构建视为生态文明建设的有机组成部分，大力倡导生态文明建设。

为生态美学寻找一个哲学本体论，是生态美学理论自身的需要。生态美学作为一种理论思考，需要追问终极问题，诸如世界的根源、价值的本源。不同于人类历史上"轴心时代"的哲学探索，生态美学对于终极问题的追问有其特定的时代背景和理论动机：切实回应全球性的生态危机。所谓生态危机是指地球生态圈孕育生命、适合生命存活的平衡状态，被工业革命以来过度剧烈的人类活动所干扰、所打破，其表征之一就是空前加速的物种灭绝，以及严重危害人类物种健康生存的环境污染。著名历史学家汤因比非常宏观地概括了这一过程及其后果：在所有物种中，人类最成功地掌握了生物圈中其他有生命或无生命的要素。在人类意识的黎明期，人类发现自己受到自然界的支配，决心使自己成为自然的主人，并朝着这一目的不断进取。在过去的一万年内，在力所能及的范围内，向自然选择发出挑战，用人类的选择代替了自然选择。为了自己的需要，人类驯化了一些动植物，对它们进行培育，并对厌恶的某些物种加以消灭。人类轻蔑地给这些不受欢迎的物种加上杂草和害虫的标签，然后宣称要尽最大努力消灭它们。在成功地以人类选择代替自然选择的同时，人类也减少了幸存物种的数量。

汤因比所说的过去一万年是指人类文明从萌芽开始直到现在的整体历史。更精确地说，人类消灭其他物种、极大地加速物种灭绝的时段是工业革命以来的200多年。物种灭绝不仅仅是其他物种的命运，很多有识之士认为它也是人类的命运。由自然力量导致的物种灭绝是人类无法控制的天灾，但是，由于人类过度的发展所导致的物种灭绝则无异于种族屠杀，也就是杀生。生态美学强烈批判这种杀生活动，针锋相对地提出了生生理念。生生理念可以用生态学的话语来解释——地球生态圈孕育了生命并承载着生命，用中国古代哲学话语来解释就是“天地之大德曰生”，生生之谓易[①]——天地间有一种神秘、神奇的自然力量，正是它化育了万物、养育了万物，它就是中国哲学所推崇的生生之道，也就是天地万物的本体。

一、存在伦理意识的生态审美

生态美学最终必然是一种关于人的理论，对于人的存在本性的阐明是生态美学无法回避的前提性问题。人是什么呢？这是包括哲学与美学在内的所有人文学科的永恒主题。早在主体性、现代性初步展开的现代时期，康德就曾经尖锐地批评过如下观念：通过理性与万物拉开距离，并在理性中建构与世界的关系。康德这样尖刻地嘲讽道：当我们看到人类在世界的大舞台上表现出来的所作所为，我们就无法抑制自己的某种厌恶之情；而且尽管在个别人的身上随处都闪烁着智慧，可是我们却发现，就其全体而论，一切归根结底都是由愚蠢、幼稚的虚荣，甚至还往往是由幼稚的罪恶和毁灭欲所交织而成的；从而我们始终也弄不明白，对于我们这个如此以优越而自诩的物种，我们自己究竟应该形成什么样的一种概念。生态学用无可辩驳的科学知识告诉我们，人类只不过是生态系统中的一个普通成员，这个物种借助自己的聪明才智和科学技术而高居物种金字塔顶端。但必须看到，人类必须依赖其他物种才能生存，而其他很多物种没有人类则会生存得更好。海德格尔所揭示的在—世—中（being-in-the-world）结构表明：人无法脱离自己所生存的世界，世界不是人的认识对象，而是人的生存的母体。西方学者之所以将海德格尔的这一思想与深层生态学联系起来，就是因为他所揭示的生存结构符合生态科学的结论，可以视为生态学的哲学版，或相当于科学的生态学而言称为“哲学的生态学”。无论科学的生态学还是哲学的生态学，都不像物理学那样是价值中立的，而是隐含着特定的价值导向：人应该尊重自己所赖以生存的生态圈和其他成员，把自己视为生态圈中的普通成员之一。

---

① 《周易·系辞传》。

二、如何构建生态美学的中国话语

这样的治学方式不仅最大限度地避免了信息闭塞、闭门造车，而且最大限度地促使研究者追踪国际前沿，乃至引领国际前沿，有助于提高学术研究的国际化水准。生态美学是一个尚未成熟的新兴学科，不少国际学者都在试图将之推向成熟。我们应该自觉地加入这样的学术共同体中。必须冷静地承认，美学是一门原产于西方的人文学科，当代西方一流美学学者所遵循的学术传统、自身的学术素养和实际上取得的学术成果，都有遥遥领先于国内学者的地方。这一现实使得我们更有必要自觉地组建生态美学研究的国际学术共同体。

耐人寻味的是，在讨论中国文论失语症的同时，又出现了另外一个论题，即中国传统文论话语的现代转化。二者的联系是，通过转化（或转换）中国传统文论话语来救治当代中国学人的“失语症”。冷静地想一想，这种论题难道不是另外一种失语症吗？唯一的区别是，前一种失语症所说的是，不说西方的话就不会说话；而后一种失语症所说的则是，不说中国古人的话就不会说话。一句话：“要么学西方人说话，要么学中国古人说话，唯独就是不会自己说话。”笔者无意在此重温这些讨论，这里的目的是提醒自己，如何在构建生态美学的过程中，更理智而不是单凭热情、更健康而不是自恋地借鉴中国传统生态思想资源，目的是创建能够在当今生态美学国际学术共同体中独树一帜的中国话语——如果我们不能创建当代中国话语，我们就永远无法摆脱失语症那可怜、可悲的学术命运。

不断反思美学观以聚焦审美问题毫无疑问，生态美学毕竟也必须是美学。在构建生态美学的过程中，我们的思路进程应该是：美学是什么？生态美学是什么？生态美学要解决的审美问题是什么？中国美学界不乏各种各样的学术争论，但笔者深切地感觉到，很多论证之所以会发生，根本原因不在于论争双方的具体观点有什么不同，而在于论争双方的美学观不同，也就是缺乏对于“美学是什么”这个前提问题的明确界定。这方面的典型例子是20世纪五六十年代所谓的美学大讨论。顾名思义，美学大讨论的讨论对象应该是美学而不是其他，但非常遗憾的是，当时参与大讨论的各方所关注的核心问题只有一个，即美的本质，围绕对于该问题的不同回答形成了所谓的“四派”。今天看来，这场大讨论的前提即美学观就非常成问题——各方都隐含地预设了美学即关于美的学问这个望文生义式的理论前提。时过境迁，今天的学术氛围远非当年可比，但我们仍然要冷静地看到，不少学者依然习惯于撇开美学观去争论美学问题，以致我们的美学讨论很难深入地展开。有鉴于此，生态美学在构建其理论的过程中，应该不断追问“美学是什么”这个前提问题，以便更加清醒地提出并解决那些传统美学尚未触及的审美问题，从而在美学共同体中彰显自己独特的理论价值与理论位置。

文化作为人类的生存方式，它是人类生存的手段或工具。人类用文化解决生存问题，解决人与自然之间的现实矛盾。人类生存，首先是在自然界的生存。面对强大的自然力量，人类用文化的力量同自然界做斗争，解决人与自然的矛盾。例如，在自然环境中营造自己的居室，从自然环境中获得食物和能量，满足自身生存的需要。但是，许多需要又不能直接从自然界获得，需要通过改造自然，使自然界适宜自己生存，使自然界满足自身需要。同时，人类生存又是社会存在。因为人总是结成一定的社会关系才能有效地同自然界做斗争。这里，文化作为人类的生存手段，用以解决人与人之间的矛盾，调整人的社会关系。这里我们从人类用文化解决人与自然的矛盾，来看新的文化选择的必要性，以及人类走向新文化的必然性。

长期以来，人类的思想和行动只思考自己的生存，人类的全部努力是为了从自然界索取得更多，以便不断地改善自己的生活，提高生活水平。人类没有提出类似于“自然界的生存”的问题，或者忘记自然界的生存，忽视自然界的生存；或者以损害自然界的生存为代价去实现人类的生存。这是传统文化的一个重要特征。这种特征表现为：人类依据人类中心主义价值观，对大自然采取了掠夺性的态度。这种掠夺自然的性质是以损害自然界生存的方式达到人类生存，主要体现为以下几点。第一，人类以滥伐森林、滥垦草场和过度利用土地的方式发展农业畜牧业。它导致森林破坏和植被减少，水土流失和土地沙漠化，使大片大片的土地丧失生产能力。第二，人类发展工业，加剧向自然界索取更多的物质和能量，但是，采取物质和能量高消耗、产品低产出的生产方式，未能充分和合理地利用自然资源。现在它已导致能源、水源和其他资源危机，从而威胁人和其他生命的生存。第三，社会物质生产和社会生活向自然环境排放过多的废弃物，损害了自然的净化能力，降低了环境质量，同时也威胁到人和其他生命的生存。

人类为了自身生存的斗争，产生了威胁自身生存的后果。事态的这种发展，使人们意识到，自然界的生存是不可被忘记、不可被忽视的，因而提出了“自然界生存”这样的问题。因此，生存问题，一方面是人类生存，另一方面是人以外的千百万物种的生存。当然，人类生存和自然界的生存是有矛盾的。人类生存，这是任何人取得成就和实现他的价值的先决条件，因而人类生存权利不能不受到尊重。但生存同时是人以外的生命，即自然界的生存，这是人类生存的条件，它也不能不受到尊重。人与自然之间虽然有矛盾，但这种矛盾应该是非对抗的，因为两者之间存在共同利益。在人类史上，这种矛盾表现为严重的冲突与对抗，也只在工业革命以来的200多年这短暂的时间里，而且应该把它看作是一种不正常的现象。从长远来看，人类生存、人类活动作用于自然界，从自然界获取物质和能量，从而引起自然界变化，这是不可避免的。但是，人类活动破坏自然，这不是不可避免的。因为人类一旦摒弃“反自然”的生存方式，采取人与自然和谐相处的生存方式，可以做到在发展经济的同时保护环境，既建设繁荣的文化，又建设良好的生态，兼顾人类生存和自然生存的利益，实现两者的统一。

人类从自然界获得生存资料的满足，既定的对策是：不断改善自己的技术工具，从而拥有更加强有力的手段，以便从自然界取得更多的物质和能量。人类坚持这种对策，强化这种对策，从来也不减弱，更不放弃这种对策。而且，人类在采取这种对策时，不考虑实施这种对策引起自然界变化所导致的后果，也从来不考虑“自然界的对策”，或者不承认自然界的对策，对它采取不屑一顾的无所谓态度。事实证明，自然界的对策，它的存在和起作用是不以人的意志为转移的，对它采取不承认或不屑一顾的态度会产生严重的不良后果。美国生态学家奥德姆指出：“生态系统发展的原理，对于人类与自然的相互关系，有重要的影响，生态系统发展的对策是获得‘最大的保护’（即力图达到对复杂生物量结构的最大支持），而人类的目的则是‘最大生产量’（即力图获得最高可能的产量），这两者是常常发生矛盾的。认识人类与自然间这种矛盾的生态学基础，是确定合理土地利用政策的第一步。”①

这里我们要注意的是：第一，承认人类对策与自然对策的客观存在。第二，注意这两种对策是常常发生矛盾的。第三，自然对策，生态系统的发展要求“最大的保护”，这是人类的幸运。因为它的生态学基础是：生态系统的生产率与分解率比较总是正值，生产高于消费。这是生态系统发展的潜力，也为人类利用生态系统资源提供可能性。如果不是这样，没有这种对策，或者生产小于消费，生态系统发展潜力受到损害，系统便会走向瓦解。第四，人类现在的问题是：只顾实施自己的对策，不顾自然的对策，人类“取走的比送回的多”，已经达到威胁生命必须进行平衡的程度。据有的学者指出，今天人类消费生物圈净生产力（植物光合作用生产的有机物质储备）达到总生产力的40%。这是一个危险的数字。它使两种对策的矛盾达到尖锐化的程度。第五，为了保护生态潜力，以保证地球生态系统的发展，以及人类对生态资源的永续利用，需要对两种对策的矛盾做出调整。这里唯一的做法是：保护自然实现其对策，同时调整人类的对策。为此，人类需要做出让步，使自己对自然的进攻有所限制，限制在维护生态潜力的范围内，减少生物圈净生产力的消费，同时扩大植物生产，使净生产高于消费。

但是，这需要用转变人类的生存方式来达到。人类发展，在自然价值

① ［美］E. P. 奥德姆：《生态学基础》，人民教育出版社1981年版。

的基础上创造文化价值，实现文化价值与自然价值的相互作用、相互渗透、相互转化。这是一个历史过程，这种历史随着人类社会的发展而不断发展。现代社会使人与自然相互渗透达到这样的程度，实际上地球表面既没有纯粹的自然，也没有纯粹的文化。两者的关系大致可以分为三类地区：①城市。这是以文化代替自然，是文化价值占主导地位的地区。②农村。这是文化与自然相互渗透的地区。农田、林地、牧场、果园、鱼塘等，这是文化了的自然，或人工自然。这是文化价值与自然价值广泛相互作用、相互渗透的地区。③荒野。虽然许多荒野地都已经有人类文化的作用和渗透，但是，这里仍然是自然价值占主导地位的地区。

值得注意的是，消灭荒野是全球性浪潮。荒野，如湿地、沼泽、沿海滩涂、海岸红树林，乃至崇山峻岭和荒漠，它们养育着各种各样的生物。荒野不仅是野生动植物的天堂，而且许多特有的野生动植物只能在某一荒野中生存。它的价值是自然界的生存，这是自然界的内在价值。而且，荒野对人类有重要价值，这是自然界的外在价值。它支持人类的文化创造，包括物质产品和精神产品的创造。我们必须保护荒野，保护荒野的价值。法国著名作家维克多·雨果（Victor Hugo，1802—1885 年）指出："在人与动物、花草及所有存在物的关系中，存在着一种完整而伟大的伦理，这种伦理虽然尚未被人发现，但它最终将会被人们所认识，并成为人类伦理的延伸和补充……毫无疑问，使人与人的关系的文明化是头等大事。一个人首先必须做到这一点；人类的精神护法为了确保这一点而暂时忽略了对其他存在物的关心，这是无可非议的。这项工作已取得了明显的进展，可以说是苟日新、日日新。但是，使人与自然的关系文明化也是必不可少的。在这方面，所有的工作都有待我们从头做起。"生态伦理学是对人与自然关系的哲学反思。它以全新的视角来解释世界，把自然、人、社会所构成的整个世界视为一个生态共同体，在这个生态共同体中，重新认识自然的价值，使自然获得应有的"权利"和道德关怀。

1. "自然—人—社会"的生态共同体

生态伦理学扬弃传统哲学的二元论范式，把人、社会、自然视为一个生态共同体。针对人与自然分离、对立，人高于自然的传统观念，环境伦理学首先强调人是自然界的产物，自然界是人类社会产生的前提，人以及人类社会与自然是不可分割的。也就是说，就人类作为一种生物物种来说，他们是属于自然界的，是自然物的一个特殊形态，是自然界的多样性、丰富性的一个例证。在此意义上，人以及人类社会都不是独立于自然界的。生态伦理学不仅把人、社会、自然视为一个生态共同体，而且把其看作是一个协同发展的共同体，把同等的关怀给予自然。一方面，人类的生命活动与地球生态系统的生命活动息息相关，自然界的持续发展是人类社会存在和发展的必要条件；另一方面，人类的活动以直接的或间接的方式影响着地球的生态系统，人类社会的发展构成了整个自然进化的一个组成部分。人们为了能够创造历史，首先必须能够生活，而为了生活，必须进行利用和改造自然的活动以获得自己的生存资料。正是在利用和改造自然的过程中，在地球生态系统的进化和发展中才形成了人类社会。因而，人类的历史是自然史的一部分。生态伦理学的任务就是要揭示“自然—人—社会”辩证发展的规律，促进“自然—人—社会”和谐的发展。

2. 自然的内在价值

美国著名生态伦理学家霍尔姆斯·罗尔斯顿说：“苔藓在阿巴拉契亚山的南段生长得极为繁茂，因为似乎别人都不怎么关心它们。但它们就在那里，不顾哲学家和神学家的话，也不给人们带来什么好处，只是自己繁茂地生长着。的确，整个自然界都是这样——森林和土壤、阳光和雨水、河流和山峰、循环的四季、野生花草和野生动物——所有这些从来就存在的自然事物，支撑着其他一切。人类傲慢地认为‘人是一切事物的尺度’，可这些自然事物是在人类之前就已存在了。这个可贵的世界，这个人类所能够评价的世界，不是没有价值的；正相反，是它产生了价值——在我们所能想到的事物中，没有什么比它更接近终极存在。”

“自然价值”的概念，主要有以下三个层面的内容：

其一，外在价值。在人与自然的关系中，以人为主体时，从人与自然的角度，自然价值表示它是人类的对象，作为资源对人这一主体具有功利意义：生命和自然界具有商品性价值（经济价值）与非商品性价值。这时，自然事物是价值的载体，自然价值主要是由自然事物的性质决定的，是客观的。对人而言，有其功利意义，即具有有用性，这是自然界的外在价值。

其二，内在价值。从生命和自然界以自身生存的目的为尺度，内在价值表示生命和自然界自身生存的意义，它的创造性，创造了地球上适宜生命生存的条件，创造了地球基本生态过程、生态系统和生物物种；同时，表示了生命和自然事物按客观自然规律在地球上的生存是合理的、有意义的。也就是说，它是"善"的。自然（nature）源于希腊语词根 gene，表示"使—生"或"生长于"。它具有生命的含义，它是有生命的，因而是有价值的。这就是生命和自然界的内在价值。当人对这种价值进行评价时，也称为自然界的道德价值。

其三，自然价值。它作为自然事物的客观性质，是真实存在的；这种存在表示了它自身生存的意义，它的创造性以及这种生存对其他物的意义，这就是它的"善"。这种真和善的统一就是"美"，内在价值和外在价值的统一，就是这种真、善、美的统一。

现实世界是"自然—人—社会"复合生态系统，作为一个有机整体，自然不是这个整体的外在条件，而是内在机制。既然自然具有内在价值，人类就更应该尊重自然、爱护自然，更应该注重人与自然的协调发展。我国正在构建社会主义和谐社会，人与自然的和谐是其基本内容之一。在"自然具有内在价值"的理念下，人类才能在大自然中摆正自己的位置，实现人与自然的可持续发展。当然认同"自然具有内在价值"，并不是将主体泛化从而消解人的主体地位。承认"自然具有内在价值"的目的之一在于对人和自然的关系乃至人自身在世界中的位置有一个更合理、清晰的认识。为了自身的生存和发展，人类必定需要从自然界中获取资源，这是无可厚非的。承认"自然具有内在价值"并不否认和排斥人类自身的利益。

3. “自然权利”与人的环境权利

“自然权利”作为环境伦理学的一个基本范畴，是为寻求保护环境而提出的一个重要理论支点。“自然权利”的提出与内在价值的拓展有一定的关联，是深刻反思人与自然关系的一个结果，它试图将非人类存在物纳入人们的权利话语系统中，赋予它们以道德的资格，从而使人类自身的行为受到约束。

从法学的角度讲，权利可以指法权，即作为某一社会群体共同约定的合法的权利。如公民有人身安全、财产安全的权利等。从伦理学的角度讲，权利是指社会道德权利。这种道德权利是与义务和责任相辅相成的。在社会道德生活中，人与人之间的社会关系是一种相互的权利与义务关系，既有社会和他人对个人的行为要求，也有个人对社会和他人的行为要求。前者是个人对他人和社会应尽的义务和责任；后者属于道德范围，属于社会道德权利。显然，这种道德权利的基础是社会和他人对个人利益应负的责任。从生存的角度讲，权利是一种生存权利，是指人生而具有的权利，又称自然权利（natural rights，亦称天赋权利）。这里所说的自然权利，并不是指自然界的权利，自然权利是指人与生俱来的不可被剥夺的权利。如正常人生来具有不被杀死、不受虐待、不被强迫的权利，有受教育的权利等。自然权利是人的自然权，是维持人类生存的基本权利，也是维持人类文化属性的基本权利。从政治的角度讲，权利是一种能力，指有确立和豁免人或物的名分或合法关系的能力，在这个意义上，权利与权位的意义相当。

所谓权利，包含5个要素，这些要素中的任何一个都可以表示权利的某种性质。一是利益。一项权利之所以成立，是为了保护某种利益，是由于利在其中。利益既可能是个人的，也可能是群体、社会的；既可能是物质的，也可能是精神的；既可能是权利主体自己的，又可能是与权利主体相关的他人的。二是主张。一种利益若无人提出对它的主张或要求，就不可能成为权利。一种利益之所以要由利益主体通过表达意愿或其他行为来主张，是因为它可能受到侵犯或随时处在受侵犯的威胁中。三是资格。提出利益主张要有凭据，即要有资格提出要求。资格分两种：①道德资格，

②法律资格。四是力量。包括权威和能力。一种利益、主张和资格必须具有力量才能成为权利。力量首先是从不容侵犯的权威或强力意义上讲的，其次是从能力的意义上讲的。五是自由。

根据以上关于权利的概念，比照自然界生物和生态系统的固有价值认识，可以说，自然界的一切生物都有其福利或利益。人对自然界尽责任，开展环境保护运动，目的之一可以认为是为了保护野生生物的福利和利益。而要实现这个目标，就要有人主张，不是表示某个人的主张，某个国家的主张，而是在世界范围内的全人类的主张。之所以突出全人类的主张，主要是自然界正在不断受到侵犯，或随时处在受侵犯的威胁中。主张的内容是依据自然界有被保护的资格或名分。要落实这种主张，或者是通过法律的强制力，或者是通过社会道德舆论的力量，甚至是通过不断出现的大自然的报复这样铁的事实。由此看来，自然界的权利是指为维护自然界的利益而提出的合法的或合理的主张，并通过法律的强制、道德的舆论和大自然报复的力量得以实现的。

一般说来，自然的权利包括人的自然权利和自然界其他生物的权利。人的自然权利是指在立法中确认并固定下来的、保证人与自然的交互作用过程中满足人的各种需要的个人权利，以及在生态伦理道德原则和规范指导下，自觉地履行生态道德的权利与对自然的责任和义务。自然界其他生物的权利主要有家养的或驯化的动物的权利、野生动物的权利和一切生物的权利。“大自然拥有权利”是生态伦理学提出的一个崭新思想，它提出了当代社会中的一个最具有争议性的哲学问题。生态伦理学提出“自然权利”的目的不过是将人与自然的关系纳入社会的权利话语系统中，促使人们尊重自然，推动环境保护的实践。从“自然—人—社会”作为一个共同体的角度来理解，而不是站在人类中心主义，或者自然中心主义的立场上，“自然权利”与人的环境权利是一致的。承认自然界的“权利”并不否定人类的权利，从长远来看它表明了环境伦理学对人类生存环境的最深切的关怀。“自然权利”问题的提出唤醒了人们的环境权利意识，对“自然权利”的承认促使人们自觉承担起约束自身行为、维护自身生存环境的责任。

4. 人在自然界的道德责任

在人与自然的关系中，处于积极的、占主导地位的永远是人。导致人与自然关系紧张的是人，而解决这一问题的关键也在于人。道德活动的主体是人，人具有合理调节人与自然关系的全部责任和义务。人不仅应当承担他在社会中的道德责任，更应当承担他在自然界中的道德责任。将人置身于自然中，将自己视为“自然—人—社会”的生态共同体的一部分时，这就意味着人类应当从自然的征服者转变为生态共同体的平等“公民”。因而，他的道德责任不仅是公正、仁慈地对待他人，而且要尊重生态共同体的每一个成员，把是否有助于生态共同体的和谐、稳定和美丽作为评判自身行为的善恶准则。在人类出现以前，地球自然系统通过植物生产者、动物消费者和微生物分解者的三角关系实现了精妙的无废物的循环，人类的出现打破了这种最经济的循环方式。人类力量的增强使得自然系统增加了新的角色，即人类充当调控者的角色，这是自然赋予人类最重要的责任。然而，迄今为止，人类的所作所为已经证明我们是一个不称职的调控者，我们滥用了自然赋予的权力。作为地球上最后出现的物种，人类是年轻的，同时也是幼稚的，但我们需要成熟，需要反省自己的错误。在这个意义上，生态伦理学可以告诉我们，我们的责任不是最大限度地按照人的意志去改变自然，而是学会最大限度地适应自然。我们对自然所负的责任和义务就是要最大限度地去维护地球生态系统的稳定、和谐与美丽。道理很明白，地球生态环境的命运与人类自身的命运紧密相关，维护地球生态系统的稳定、和谐与美丽，无论对于地球生态系统还是对于我们自身都是有利的，我们都是受益者。所以，尊重生命、尊重自然和保护生态环境，是作为一个有道德的人所必须履行的义务。

从人与自然关系、文化价值与自然价值关系的角度，我们可以把发展定义为“多价值管理”，包括文化多价值管理和自然多价值管理。现在，世界以可持续发展作为新的发展战略，它包括三个相互联系的持续性，即生态持续性、经济持续性和社会持续性。或者，它表示人类对环境整体性、经济效率和社会公正的关注和追求。

第十章　生态美学与生态文化

从人与自然关系的视角考察人类的文化史，我们可以发现，人类已经走过了依靠主观规定来体验世界的宗教文化时代，正经历着用实证方法认识自然的科学文化时代，必将走向以生态观念为中心的生态美学时代。

一、一个必然趋势

人类生存方式的本质，是文化与自然的辩证统一。伴随着文化形态的进化，人类认识自然、经验自然方式的不断变迁和发展，人类对自然界的认识经历了一个由模糊到清晰、由不自觉到自觉、由必然王国到自由王国过渡的过程，对自然界的支配能力不断发展，对外在世界的作用和影响也由弱变强。宗教文化时代，自然界对于人类而言在很大程度上是一个难解之谜，人受主客观条件的制约，影响自然的能力是有限的，自然界本身的净化能力基本上可以消除人类活动所带来的不良影响。而在科学文化时代，人类开始洞悉自然界的奥秘，科学技术所带来的生产力的巨大进步使得人类有能力向自然开战，把自然界当作自己取之不尽、用之不竭的资源库，为了满足自己贪婪的物质消费欲望而不断索取。同时又把大自然作为排放废弃物的垃圾场，向自然界倾倒数量越来越多、性质越来越复杂的废弃物。人真正成为万物的尺度而傲然“君临天下”，对自然和生命失去了敬畏和尊重之心，不断地消灭其他物种和生命为自己所用，结果导致环境退化、生态失衡、资源枯竭，从而使自己的生存受到威胁，精神上失去信仰，成为“生命的孤独者”。科学文化的进步尽管使人类社会经济飞速发展，物质和文化财富得到了极大的丰富，但人类的精神文明却没有同步跟进，人们的思想观念以及由它指导的行为与自然环境的矛盾日趋突出。这个矛盾如不能有效地解决，必将会影响到人类自身的生存与发展。

正是人类关于可持续发展的理论探讨和现实实践催生了生态美学，揭示了人类文化的一个新的走向。作为一种文化动物，人类借助于文化来适应环境，改造环境。科学时代所带来的环境退化需要人类调整自己的文化形式加以修复，这种新的文化形式就是生态美学。生态美学是人类与环境和谐并进、谋求可持续发展实践的产物，它代表了人与自然关系演进的时代潮流，并将引发一系列的变革。生态美学的核心就是人类的环境意识，集中表现为人类社会经济与环境资源的可持续发展。它要求改变掠夺和浪费自然的生产方式和生活方式，采用生态技术和生态工艺，创造新的技术形式和能源形式，建设生态产业，实现向物质循环、无废料的生产方式和生活方式过渡。生态美学承认自然的价值，按照人与自然和谐发展的价值观，建设尊重自然的文化，实现人与自然的共同繁荣；实现科学、哲学、道德、艺术和宗教发展“生态化”，使人类精神文化沿着符合生态安全的方向发展。生态文化通过社会关系和社会体制变革，调整人的社会关系，改革和完善社会制度和规范，使生态保护制度化，社会获得自觉保护生态的机制；按照公正和平等的原则，建立稳定与和谐的社会关系和秩序，向一种新的社会制度过渡，真正实现人类健康、有序、全面、协调的可持续发展。

二、一个必然前提

建设和谐社会的要求推动了人类文化的纵深发展，生态美学一旦形成，就会影响人的思想、感情、心理、性格和行为，凝聚成精神的力量，作用于人的心灵，激励人，教化人，培养人的可持续发展意识，促进观念的转变，激发人们自觉地投入可持续发展活动中去。而且，生态美学强调经济效益和生态效益与社会效益的有效结合、相得益彰，从整体上保证经济发展的后劲，有利于人类长远的发展和效益。生态美学所体现的规章制度具有强大的约束力，对人们的行为规范有重要的影响作用。从根本上说，可持续发展是一个包括人、自然、文化在内的复杂的系统，它的实施需要社会各界乃至公众个体的积极配合和参与。只有当人们从文化的层面上来接纳可持续发展，可持续发展才能真正扎下根来，成为人类共同的信念和价值取向，进而转变为人的自觉行为。因此，积极发展生态文化，用生态文化的“化人”功能来塑造人，提高公众的可持续发展意识，是成功实施可持续发展的关键。从这个意义上讲，生态文化既是可持续发展的成果，也是可持续发展的价值尺度。

目前，人类在可持续发展上所做出的努力，相对于全球危机的迫切程度来讲，还远远不够。生态文化作为一个文化时代，还尚未到来。就世界范围而言，当代占社会发展主流的还是传统文化模式下实现经济持续增长的发展观，也还主要是扩展主义支配下的消费文化。从文化的视角审视全球危机，我们不难发现，这一切都源于人类自身发展过程中的危机，是人本身对“自然—人—社会”这一巨系统的破坏所引发的严重失衡，是由人的活动、人的存在方式、人的价值选择所带来的，是历史积淀的产物，是人自身的危机，从而也是文化的危机。因此，探讨传统文化模式的内在缺陷，研究和建设适应社会与人和谐、健康、全面发展的新型文化模式——生态美学具有不可替代的作用。可持续发展归根结底是人本身的可持续发展，是社会公众的可持续发展，人自身文化素质的提高是可持续发展的关键所在。有鉴于此，从文化的层面上认识可持续发展，大力发展生态科学技术，弘扬生态美学文化，使可持续发展成为人们的共识，是促进我国可持续发展的有效实施和健康运行的必然选择。

人类社会可持续发展的目标，既包括实现文化价值，也包括保护自然价值，这两者是统一的。人类在自然价值基础上创造文化价值的行为既不是以损害自然价值的方式实现文化价值，也不是以减少文化价值的方式保护自然价值。这是“多价值管理”的目标。生态美学是一种新的文化选择。我们相信，在生态美学的发展中，遵循“多价值管理”的途径，运用人类伟大的智慧和创造力，人类在自然的基础上创造文化价值，可以在增加文化价值的同时，保护自然价值，实现两者的统一。也就是说，在人类新文化发展中，人类的发展既对人有利，又对自然界有利，这是可以做到的，这便是可持续发展。

生态美学作为一种社会文化现象，不仅有其特定的含义和广泛的适用范围，而且有其合乎规律的、有序的、稳定的关系结构。正确认识生态美学的基本含义和适用范围，分析和把握生态美学的结构要素及其相互关系，是我们研究生态美学建设一切问题的逻辑前提。生态美学作为一种新的文化选择、一种社会文化现象，摒弃了传统文化的“反自然”性质，抛弃了人统治自然的思想，走出了人类中心主义的窠臼，按照“尊重自然”“人与自然和谐”的精神赋予每一种文化现象以生态建设的含义，具有十分广泛的内容，形成了包括生态思想、生态哲学、生态伦理、生态教育、生态科技、生态文学艺术、生态美学、生态宗教等在内的基本形态结构。这个形态结构的各要素互相依存、互相促进，共同构成生态美学建设体系。

三、生态哲学美学

生态美学产生于人们对当代生态危机的哲学反思。哲学作为时代精神的精华，当工业文明导致的严重的生态危机让人类觉醒，确立起可持续发展观时，不仅从其内容上，而且从其外表上，都要与时代的现实接触，并相互作用。从哲学的层面解析可持续发展观，重新认识自然界、人类、社会及其相互关系，对人们更好地掌握自己未来的命运，具有深刻的理论价值和直接的现实意义。作为一种自然观，生态哲学既反对“反自然”的观念，又反对“自然主义”的观念，主张“人与自然的和谐”。作为一种世界观，它是用生态学的基本观点观察现实事物和解释现实世界的一种理论框架，是对传统哲学的革命。传统哲学是“人类中心主义”哲学，在对待自我问题上，强调个人英雄主义；在处理自己与他人、个体与群体的关系上，推崇自我，忽视个人之间、民族之间和国家之间的和谐关系；在对人与自然关系的理解上，崇尚人对自然的征服和索取。就是这种“人类中心主义”的认识论，不仅使人类越来越远离自然，而且使人类备受自然的惩罚，使人地之间的关系陷入了恶化的境地。

生态哲学文化促进了世界观的转变。生态哲学强调，自然是人的无机的身体，人是自然界的一员，正如恩格斯所说：“我们连同我们的肉、血和头脑都是属于自然界和存在于自然之中的。”① 生态哲学认为，世界的本原不是纯客观的自然，也不是脱离自然的人。它是由人、社会、自然组成的复合系统，有一定的生态结构。在这个结构中，自然、社会和精神的运动，不是对立存在的，而是相互依存、相互影响的，它们共同组成一个不可分割的统一体。因此，保护自然系统就是保护人类自己，破坏自然系统无异于毁灭人类自己。生态哲学文化包含着三个基本原则：一是生态持续原则，即因为人类的活动必然会影响生态的平衡，所以就必须把它限制在自然生态所能容纳的范围以内，以不威胁生态系统的自我调节和繁衍能力为限。不然，人类自身的生存就要受到严重的威胁。二是经济持续发展原则，即经济的增长必须计算环境成本，要力求以最小的环境代价取得最大的经济效益。经济增长应该既能体现公平，又能实现效率。三是社会持续性原则，即社会的发展应力求能够保持其诸多子系统的协调与平衡，避免因人类的发展而削弱自然界多样性生存的能力；因一部分人的发展而削弱另一部分人发展的能力；因当代人的发展而削弱后代人发展的可能性。社会应作为一个整体向前发展。生态哲学文化还促进方法论的转变。生态哲学强调，对自然的研究与对人的研究并重，以整体性的方法把握人与自然的内在统一。

生态哲学文化促进了价值观的转变。“人类中心主义”价值观认为，人是宇宙的中心，人的利益是一切活动的出发点，环境和自然资源是无限的，它们本身没有经济价值，人类对它们的使用是当然的，宇宙万物都应按照人的偏好和价值来衡量。生态价值观则不同，它认为人类对自然界的开发和利用使得人类自身个体所拥有的空间越来越狭小。从时间上来看，

---

① 《马克思恩格斯选集》（第4卷），人民出版社1995年版。

人类追求眼前利益的价值导向必将使人类提前离开自然界。因此，它要求人类具有开阔的视野和长远的利益观，从人的生存价值导向去处理人与自然的关系。

四、生态伦理美学

传统伦理学只关注人类（当作一个物种）的福利，只是人与人、人与社会关系的道德研究和实践，并不涉及人与自然界及其各种生命的关系。传统伦理学认为唯有人才是目的，只有人才能获得道德权利和道德待遇，人类可以根据自身的利益和好恶来处置自然。生态伦理文化关注构成地球进化着的几百万物种的生命的“福利”，把道德研究从人与人关系的领域扩大到人与自然关系的领域，研究人对地球上生物和自然界行为的道德态度和行为规范。它强调：“只有当一个人把植物和动物的生命看得与他的同胞的生命同样重要的时候，他才是一个真正有道德的人。”① 这就是生态伦理文化，即关于人们对待地球上的动物、微生物、生态系统和自然界的一切事物应采取道德态度、道德行为的文化。它根据现代科学所揭示的人与自然相互作用的规律，强调以道德为手段从整体上协调人与自然的关系。生态与道德是不可割裂的，只有道德才能真正驱动人的生态意识和行为的自觉性、自律性和责任感。正确的生态道德观一旦形成，就会对人的行为产生自觉的约束作用，从而大大减轻法律约束人的行为所付出的成本或代价。生态伦理的思想虽然自古有之，但是作为一门学科，作为一种文化形态，还是西方环境保护运动的产物。20 世纪 70 年代初，我国作为发展中国家，也发现自然生态环境问题已成为制约经济和社会发展、影响人体健康的一个严重的社会问题，并相应地把保护自然生态环境作为一项基本国策。与此同时，引进和评价西方生态伦理学、建构具有中国特色的生态伦理文化，也很快成为我国学界的一个热点。

确立生态伦理思想，加强生态道德建设，首先要明确并贯彻好生态伦

① 余谋昌：《生态伦理学》，首都师范大学出版社 1999 年版。

理原则，关键是处理好自然界的种种生物的利益关系。无论是人类，还是非人类，其利益通常有三种：生存需要的满足、基本需要的满足和非基本需要的满足。生存需要的满足是每一个生命个体活的愿望的最低满足。基本需要的满足是每一个生命个体能够表现它们自身特点，活得像它们自己的最低满足。非基本需要的满足则是在前两者基础上的更高需要的满足。在处理不同生命主体的不同利益要求的关系上，不同伦理观念的主张千差万别。生态伦理观主张的原则是：人类也好，非人类也好，生存需要是第一位的，在权衡人类与非人类利益的先后顺序上，应遵循生存需要高于基本需要、基本需要高于非基本需要的原则。在人与非人类利益发生矛盾时，应坚持人的生存需要高于其他生物的生存需要，其他生物的生存需要高于人的奢侈的非生存需要，人的非生存需要应为其他生物的生存需要让路。当人类与非人类的同类利益发生冲突时，应以人的利益为优先，在人必须做出选择时，应以与人的关系亲近者的利益优先。在整体利益与局部利益的关系上，应坚持整体利益高于局部利益，对于生物系统而言，就是一切生命个体的活动都应服从整个生态系统的需要。每一个物种都应该是有助于生物共同体的和谐和稳定的。

其次，要使生态道德的基本原则能够切实地发挥作用，还应根据基本原则制定和实施具体的行为规范。生态道德规范是根据生态伦理的基本原则制定的用以约束人的行为的规则。生态道德最基本的行为规范是尊重生命、尊重生态系统和生态过程。尊重生命，是指人不应无故造成其他生命不必要的痛苦；不应以虚假的借口猎杀野生动物和破坏野生动物的生存环境；不应不考虑生态的承受能力和恢复能力而仅仅按照人的意愿开发利用资源。尊重生态系统和生态过程，是指人类应该保护生物基因的多样性、物种的多样性和生态系统的多样性。依据这些生态道德基本规范，对人的行为进行评价时的生态道德标准是：人类应以维护物种的存在为前提，危害物种存在的行为是不道德的；人类有责任维护基本生态过程，保护生物圈的稳定，维护生态系统的整体性，任何破坏和损害生物圈整体性的行为都是不道德的。

最后，加强生态道德建设的关键还在于增强社会公德、职业道德、家庭美德建设中的生态道德教育、实践和约束的作用。充分发挥人的主观能动性，加强生态文明与精神文明的相互渗透、有机结合，积极营造全社会的生态文明氛围，坚持以“保护生态环境、倡导文明新风”为主题，加强生态道德教育，使人们自觉地承担起保护生态的责任和义务，并敢于同一切破坏生态环境的行为做斗争。广泛动员人民群众参与多种形式的生态道德实践活动，努力形成保护生态环境、防止污染、绿化城市、美化家园的社会文明新风尚。建立、健全道德规范与法律规范相结合的生态环境监督管理机制，加强对人们生态环境行为的道德约束。总之，理论和实践都表明，解决生态问题，保护生态环境，仅靠科技的、经济的、法律的和行政的手段是不够的，还要辅之以道德调节手段。只有树立起正确的生态伦理观，才能激发保护生态环境的道德责任感，使人们自觉地调节人与人之间的利益冲突，自觉地调节人类与自然之间的“物质变换”，从而形成保护实践活动的坚实基础和内在动力。

五、生态科技美学

科学技术是人类驾驭自然的中介。同时，社会需要又是科学技术发展的原动力。正如恩格斯所说：“社会一旦有技术上的需要，这种需要就会比十所大学更能把科学推向前进。”① 社会需要面越大，问题越严重，科学技术发展就越快。科学技术的发展造福了人类，为人类提供了许许多多改造自然、利用自然的新手段，给人类带来了巨大的物质财富，提高了人们的生活品质和社会文明的程度，促进了经济和社会的发展。但科学技术的发展也给自然和社会带来了一些严重的问题，有的甚至是灾难。从某种意义上讲，科学技术从开始的那一天起，就注定是对自然的破坏，因为由于使用科学技术而引起的自然界的任何变化，都是对自然界原生状态的干扰。现代科学技术发展的历史早已证明，科学技术的发展造成了严重的环

① 《马克思恩格斯选集》（第4卷），人民出版社1995年版。

境污染，危害着人类的生活和健康。正如海德格尔所说："技术不仅仅是手段。技术是一种展现的方式。如果我们注意到这一点，那么，技术本质的一个完全不同的领域就会向我们打开。这个展现的领域，即真理的领域。"这就是说，技术对自然的利用和改造，可能背离自然的生态规律，可能给自然造成严重破坏。纵观科学技术史，几乎每一个新科技成果的运用无不如此。煤炭和石油能源的大量开发，化学产品的普及，农药的使用，核武器的使用和核电站的泄漏事故，已经或正在继续污染环境，并由此引起人类的许多奇怪的疾病。即使是离人们生活较远的宇航事业，也构成对人类生存环境的某种威胁。诸如此类的问题，使发展科技不能不重新认识和考虑人类对自然的依赖问题，不能不自觉地承担维护人类生存环境的义务和责任。

人类离不开科学技术，科学技术带来的负效应也只有依赖科学技术才能克服。关于生态和生态保护问题的发现及其对人类的严重影响，促进了生态科学技术和生态保护工程迅速发展。解决生态和生态保护问题也越来越依赖于科学技术的进步。于是，一门研究人与自然环境关系的新文化——生态科技文化应运而生。生态科技文化亦即科学技术发展的"生态化"。当然，这里"生态化"不是以各门科学技术化为生态学，而是确立科学技术发展的生态意识，使科学技术发展带有鲜明的生态保护方向。也就是在科学技术发展中运用科学的生态学思维，对科学技术提出生态保护和生态建设目标。这是科学技术进步的新形式。生态科技文化把生态价值概念引入科学研究和实践，强调发明和制造既有利于大多数人的利益，又有利于保护自然的科学技术。它要求我们对科学技术成果的评价，既要有社会和经济目标，又要有环境和生态目标，使科学技术向着有利于"自然—人—社会"复合生态系统健全的方向发展，为人类社会可持续发展提供指导思想、适用技术和个体途径。

实现科学技术发展的"生态化"，加强生态科学技术建设，最根本的是党和政府要给以生态科技政策支持。在此基础上，还应当重点加强三个方面的建设，即生态理论科学建设、生态社会科学建设和生态技术科学建设。同时，提高广大科技人员的科学文化教养和科技伦理道德观念是加强生态科学技术建设的重要环节。广大科技人员要有把研究新的技术手段改善生态环境和合理开发利用自然资源作为自己的最基本的道德责任和意识，这样才能提高他们防止污染，保护生态的自觉性。另外，还要把生态“科普”活动作为精神文明建设的一项重要内容，大力促进全民生态科技意识的增强和科技素质的提高。

六、生态教育美学

现代工业文明与教育相互依赖、相辅相成的关系已是不言而喻的事实。工业文明的兴衰和发展离不开教育，同时教育也因工业文明进步而得到了发展。马克思就曾指出，现代工业通过机械、化学过程和其他方法，使工人的职能和劳动过程的社会结合不断地随着生产的技术基础的变革而发生变革。而技术基础本身的变革，则是不可能脱离教育的。顺应工业文明发展要求的教育呈现出的主要特点是：教育偏执于为工业发展服务；教育的价值取向是以人为中心，追求经济效益；教育的目标是为了便于使人成为自然的主人，让人能够具有无限的控制自然、征服自然和向自然索取的能力。这种“工业化”的教育不适应人类与环境平衡发展，不能胜任人和环境共同走向现代化的目标。生态学思维方法的兴起和运用让人们发现了传统教育的缺陷，也为研究教育提供了一个新的视角，敦促了生态教育文化的形成。

生态教育文化强调用生态学的方法研究教育，在教育观念、教育功能和教育任务等方面，吸收生态学的思维方式，体现生态的要求，改造传统教育，探索新的教育思想、方法、内容和规律。生态教育文化的主要任务是对全民实施生态意识、生态知识、生态法制教育，三者缺一不可。如果使每一个有行为能力的人都具有一定的生态意识、生态知识和较强的生态法制观念，就会形成良好的社会舆论和巨大的生态文明建设动力。全民生态意识觉醒之日，才是生态环境全面改善之时，此言当不为过。生态教育文化建设应当努力使每一个人都有较强的生态意识。同时，使受教育者获得关于人与自然关系，人在自然界的位置和人对生态环境的作用，生态环境对人和社会的作用，以及如何保护和改善生态环境，如何防治环境污染和生态破坏等知识。重视生态保护的社会教育，就是要通过各种形式，利用各种传播媒介，包括学校教育和一切社会教育的内容，从幼儿园、小学、中学到大学，都应重视和深化生态教育，尤其要重视对青少年的生态教育，自幼培养起人的生态价值观，提高人的生态意识和生态道德修养，从而增强人们保护生态和优化环境的素质。

要实现从“工业化”教育文化向生态教育文化的转变，首先要确立新的教育价值观，即生态文明的教育价值观。这是借鉴生态系统的价值取向，重新审视和确立现代教育的价值取向。生态文明教育价值观主张，把保护生态环境作为现代教育最重要的价值取向。认为教育的价值不仅在于经济价值，而应是经济价值、精神价值和生态价值的统一。教育应克服工业文明下机械论教育观的局限性，把视角转向整个大地生态系统，教育要服从人、自然和社会组成的整个生态系统的浑然一体的和谐关系。其次要调整教育功能，改革教育模式和方法。传统的教育功能体现在经济、政治和文化三个主要方面，生态教育的功能还应体现出为生态文明建设服务。生态教育就是要将生态功能融注经济、政治和文化功能中，对它们进行重新整合。教育功能转变后，教育模式和教育方法也必然要发生变化。传统的教育模式和教育方法具有浓厚的机械论的色彩，它们表现出的是理性思维的抽象性和语言逻辑的形态，它们用强硬的规则将知识分割，把学生限制在特定的时空，无法实现对知识整体结构的把握。这种教育的模式和方法与生态教育观念是不相适应的。所以，教育要按照生态文明建设的要求，重新建构教育模式和教育方法。最后，政府有关部门还要在经费投入和工作安排上加大面向全社会宣传、普及、推广等软环境建设的力度。利用大众传媒和网络广泛开展国民素质教育和科学普及。

七、生态文艺美学

文学艺术是人们熟悉的重要文化现象，是用语言、文字、动作、线条、色彩、音响、图像等不同媒介与手段，构成艺术形象以反映社会生活的文化。文艺是人类文化体系中的一个重要组成部分，并在文化中具有突出地位。同样地，生态文艺在生态美学中也有独特之处和重要地位。它给人的生态教育是一种情感教育，是一种潜移默化、润物无声的过程；它能使生态美学表现得有血有肉，具有生动丰满的形态、内容及情感。正如马克思所说：狄更斯等作家"在自己的卓越的、描写生动的书籍中向世界揭示的政治和社会真理，比一切职业政客、政论家和道德家加在一起所揭示的还要多"。[①] 倘若没有文学艺术，生态美学的结构就会成为一个枯燥、干瘪的骨架而失去其应有的生气与活力。生态文艺作为一种社会意识形态，应当在其生动的感性观照中，充分地体现现代人们的生态环境意识、生态审美情趣、生态思想情感、生态愿望要求，突出地展示社会主义社会的生态美学精神，努力使人们在自身价值和本质力量的发现和确证中，获得与传统文艺不同的精神愉悦。人类以文化的方式生存，所有先进文化都是生存于自然中的文化。生存于自然中的文化当然不能反自然。唯有文化与自然的辩证统一，才是人类生存的本质。生态危机产生生态美学，生态美学的核心是生态文明。生态文明建设应着眼于提高人文素质，挖掘文化内涵，提升文化品位，增强综合文化力。新闻出版、广播电视、信息传播等事业，作为文化这个机体的神经网络，应当把包括生态文学、艺术建设在内的各项文化事业联系成一个有机整体，充实以宣传和传播为特征的生态美学蕴意。

八、生态宗教美学

随着生态危机在全球愈演愈烈，人们越来越意识到生态文明建设是一个复杂的系统工程。在这个工程中，努力发掘一切有利于生态环境保护和建设的因素，对加速生态文明建设的进程是非常重要和必要的。我国是一个多民族的国家，几乎每个民族都有自己的宗教信仰，而宗教与自然环境

① 《马克思恩格斯全集》（第10卷），人民出版社1962年版。

有着非常密切的关系，可以说任何宗教信仰的产生和发展都是建立在自然环境基础上的。人类宗教文化都产生于生态环境提供的物质基础，在不同的生态环境中，宗教文化的特点、类型是不同的。同时，人与自然的关系也是所有宗教关心的重要主题之一。各种宗教自古以来都有关心和保护生态的传统，因此，在建设生态文明的系统工程中，发掘和发挥宗教文化的作用，也是我们应该认真对待和处理的问题。宗教的生态智慧和生态保护实践，对于现代生态建设有着重要影响，生态美学建设必须重视建立与社会主义相适应的生态宗教文化。

我国境内的各种宗教，特别是影响比较大的佛教、道教、基督教、伊斯兰教和天主教，都有许多关于生态环境保护和建设的思想，诸如，佛教主张“众生平等”的思想，认为人类所生活的世界是由人类共业的善恶所决定的；道教坚持“人法地，地法天，天法道，道法自然”的原则，力主人与自然和谐，并认为其中起决定作用的是自然而不是人；伊斯兰教所持天人合一观、和谐观和均衡观，主张人与万物是统一的，天地万物是人的衣食父母和生命的源泉，人类与自然界应和谐共处；基督教推崇尊重一切生命的思想，认为只有关心人类生活范围内的一切生命的时候，人才是伦理的人。这些观点和主张都反映出各种宗教的自然观、仁爱万物的思想和对理论境界的描述等，也都反映出深刻的生态理念和幽远的生态意识，为宗教保护生态环境提供了可能。在我国，各种宗教的生态理念通过影响其信徒的行为，为维护生态环境做出了重大的贡献。

九、生态伦理学的生态世界观和生态价值观

构建社会主义和谐社会已经成为中国共产党的一个长期的发展战略和价值目标。环境伦理学通过对人类传统世界观、思维方式和价值观的反思和批判，努力确立新的世界观、思维方式和价值观，正成为构建社会主义和谐社会的生态文化基础。

1. 从机械世界观转变为生态世界观

现代社会的主导世界观形成于17世纪，它以牛顿的物理学为科学基

础，试图用力学规律解释一切自然和社会现象，把各种各样不同过程和现象都看成是机械的，因而被称为机械世界观。机械论有三个要旨：第一，就是尽可能地将世界还原成一组基本要素；第二，这些要素彼此之间的联系基本上是外在的，它们不仅在空间上是分离的，而且每一要素的基本性质彼此之间也是独立的；第三，由于要素之间仅仅是通过彼此推动而产生机械的相互作用，因而其作用力难以影响到其内在性质。生态世界观超越了机械世界观，认为世界是一个包括人类在内的、具有内在关联的活的生态系统，它呈现为一个不可机械分割的有机整体。生态世界观作为一种整体论的、有机论的世界观，使人们认识到：我们与世界是一个整体。我们不仅包含在他人之中，而且包含在自然中。事实上可以说，世界若不包含于我们之中，我们便不完整；同样地，我们若不包含于世界之中，世界也是不完整的。从机械世界观转变为生态世界观，环境伦理学为构建社会主义和谐社会提供了一个重要的理论基础。

2. 从人类中心主义转变为生态整体主义

人类中心主义是建立在笛卡儿二元哲学基础上的，笛卡儿强调主客二分，强调人与自然的分离和对立，极力倡导人类征服自然、主宰自然，无视自然界其他生命的存在价值。因此，人类中心主义是机械世界观、思维方式和价值观念。20 世纪 70 年代以后，由于全球生态危机的加剧，人类中心主义被认为是导致这一危机的罪魁祸首。非人类中心主义应运而生。在这些思想中，生态整体主义是其典型代表。在生态整体主义看来，人种不过是众多物种中的一种，既不比别的物种更好，也不比别的物种更坏。它在整个生态系统中有自己的位置，只有当它有助于这个生态系统时，才会有自己的价值。生态整体主义是生态世界观的思维方式和价值观念。生态世界观内在地包含着十分宽广的生态思维。在这种世界观看来，生态系统中没有游离于联系之外的个体，现实中的一切单位都是内在地联系着的，所有单位或个体都是由关系构成的。同样地，人也不例外，他不仅是人类共同体的一部分，而且是自然共同体的一部分。通过人与自然的内在联系来认识世界、思考问题，认识到从长远的角度看，自然界的利益与人类自己的利益是一致的；并在此基础上自觉以增进生态整体的利益和价值作为人类行为的出发点以获得人类的持续发展，这就从人类中心主义转变为生态整体主义。

3. 从片面发展走向“自然—人—社会”的协同发展

生态伦理学具有革命性，这种革命性表现在它对根深蒂固的人类中心主义提出了挑战，其主流意识形态是非人类中心主义的。它强调自然界具有内在价值，并把道德关怀的对象从人这一物种扩展到了人之外的其他物种和整个生态系统。生态伦理学对现代工业社会的物质主义、享乐主义和消费主义持批判的态度，倡导一种与大自然协调相处的“绿色生活方式”，主张用节制物质欲望的“生活质量”（living quality）概念来代替工业社会的“生活标准”（living standard）概念。在社会政治领域，生态伦理学要求建立一种更有利于环境保护的公平的分配模式；主张一种多元化的、以自治的共同体为主要形式的政治结构，其基本原则是自由、平等和直接参与，从而促使人类的发展从片面发展走向“自然—人—社会”的协同发展。

经济至上主义，通常也称为经济主义，是现代社会普遍的社会价值观念，它主张经济决定一切，把经济增长作为评价社会进步的唯一标准。生态经济是一种取代传统经济模式的新的经济模式。在经济至上主义指导下，传统经济模式高投入、低产出，常常以损害环境和资源的形式追求经济产值的增长。生态经济是一种绿色经济和循环经济，它以可再生能源为动力，以自然资源的节约为基础，通过开发生态技术实现农业、工业和生产消费品的“绿色化”，降低和防止生产过程和产品对自然环境的污染，从根本上转变经济增长的方式，促进经济、社会、环境的协调和可持续发展。

余论　论生态整体主义的艺术呈现

——以影片《神奇动物在哪里》为例

什么是生态整体主义思想，简言之，它将人与人之间的和谐，人与自然之间的和谐，以及人与自我之间的和谐视为一个整体，三者不但需要各自自身和谐，相互之间也将融为一体，形成大和谐，由此而维护整体的生存家园。而这一观念，恰在全球播放的影片《神奇动物在哪里》（以下简称《神奇》）中得以较为全面地呈现。

从人类以自我为万物中心，到将人把自身置于万物之中，视自然的生态系统为一整体，并把生态系统的整体利益作为人类生存的最基本目标、最合理诉求，其间经过了痛苦的历史进程，残酷的生存教训。如今，生态整体主义思想已经成为全球有识之士的共识，但如何将此共识传播于人类，植入人类精神世界，成为基因般的存在，依然是我们需要面对的严峻现实。

欣慰地看到，近年来文学艺术在此观念上的传播，起到相当积极的作用。前期以《后天》为代表的一批灾难片，以人类由于掠夺地球而造成的景象，警示并预言人类即将面临的毁灭性未来。而根据 J. K. 罗琳作品改编、由华纳公司出品的《神奇》，则已于 2016 年 11 月 18 日在北美地区和部分国家首映，毫无悬念地登顶北美票房排行榜。影片也点燃了中国观众的热情，24 小时累计票房破亿元，上映 5 天票房接近 3. 5 亿元，排片比一直稳定维持在 30% 以上，豆瓣上 8. 1 的评分也遥遥领先同期上映的大部分电影，故影片在中国影院将再延续一个月的播放期。这一部以生态整体主义为理念的电影的神奇播映，为我们提供了极好的案例，值得我们进行深入的探讨。

一、《神奇》影片的诞生与内涵

（一）从《哈利·波特》到《神奇》

人们一般把罗琳女士创作的《神奇》剧本视为其作品《哈利·波特》的外延，缘由在于《神奇》最初是《哈利·波特》中霍格沃茨魔法学院“奇兽饲育学”课所使用的一本新生教材，J. K. 罗琳曾经把这本教材真的写了出来。这本书收集了魔法世界里出现的上百种不同生物，是每位巫师家里必备的“工具书”。哈利·波特和他的同学们在霍格沃茨一年级的时候就使用过它。

作者曾考虑过将此拍成一部纪录片，因内容无法承载作家的想象力，罗琳与包揽了 8 部《哈利·波特》系列电影的制片人大卫·黑曼最终决定，再度联手在银幕上创造全新的魔法纪元，并由她首次亲自担任编剧，由此衍生的电影聚焦在这本教材的作者纽特·斯卡曼德为写此书而展开的奇幻冒险。

（二）《神奇》内容简介

电影背景为 1926 年纽约危机四伏的魔法世界。北美魔法界比英国魔法界环境严峻得多，有严格的种族区分，存在许多的反魔法师组织，也有着强大的魔法学校——伊法魔尼。美国魔法国会的魔法法律禁止魔法师与“麻鸡”[①] 通婚，魔法师必须隐藏身份且不得和麻鸡有任何往来，连使用魔杖也得申请“许可证”。

某种邪恶神秘的力量在街头制造了一连串的破坏，反魔法师狂热组织“第二塞勒姆”宣称要向人类社会揭露魔法社会的存在，借此对魔法世界斩草除根。同时，强大的黑魔法师盖勒特·格林德沃，在欧洲制造了浩劫后销声匿迹。

① 指北美魔法界对非魔法师群体的称呼；英国魔法界称为“麻瓜”。

曾为霍格沃茨魔法学校学生的主人公纽特·斯卡曼德是一位神奇生物学家，对此背景毫不知情，他即将结束对神奇魔法动物研究和营救的环球之旅，在抵达纽约时，他拎的魔法皮箱里保护着不少神奇魔法动物，就此开始了一段惊心动魄的冒险之旅。故事从纽特皮箱中的"嗅嗅出逃"这一猝不及防的意外发生开始，它的出逃使纽特遇到了前去银行贷款的面包师麻鸡雅各布，纽特与雅各布在阴差阳错下交换了箱子，雅各布无意间打开了纽特的箱子，使得大量的神奇动物出逃。被停职的魔法部女警员蒂娜·戈德斯坦恩抓住此机会，想立功后归职。但美国魔法国会安全部长帕西瓦尔·格雷夫斯却怀疑纽特和蒂娜。事态因此而变得凶险异常。为此纽特和蒂娜、蒂娜妹妹奎妮和麻鸡雅各布，凑成了一支冒险小队，展开了对神奇动物的追寻。然而真正的危险，远比这 4 个上了通缉名单的逃犯预料的要严重得多，他们与黑暗势力产生了势不两立的正面冲突。但魔法师和麻鸡两界一触即发的战争，最终还是在他们的努力下，以和平暂告一段落。

二、《神奇》中的三个生态空间

生态视阈下的人与人、人与自然、人与自我的关系，在《神奇》影片中被清晰的电影手法呈现，使人们受到了强烈的艺术感染，而这三个生态空间的设定，正是通过三组关系的交集，从而艺术化地凸现出来的。

（一）以奇幻动物群体组成的自然生态空间

毫无疑问，我们从片名就可以看出，奇幻动物群像占领了影片中的主角地位，银幕中呈现出的千奇百怪的奇幻动物，地域分布十分广泛，种类不仅包含神话传说中的动物，而且包含了一些经过改造的现实动物，简单浏览如下——

1. 嗅嗅

嗅嗅的形象很像鸭嘴兽，在《神奇》原著中被称为"尼伏雷"，它被描述为一种迷恋所有闪亮物体的动物，对于金银和各种宝石会感到疯狂。正是这种贪财属性使得嗅嗅成为整部电影里的第一大活宝，导演非常喜爱它，不仅把它作为影片中首只登场的神奇动物，还特别给它安排了两大段卖萌的戏份。

2. 鸟蛇

影片中的鸟蛇常见于远东和印度地区，是一种有翅膀的两腿动物，有着蛇的身体，并身覆羽毛。它会攻击所有靠近它的人，特别是在保护卵的情况下。鸟蛇的卵非常美丽，像是用最纯、最软的银子制作的，很重、很值钱。它们会自动根据周围密闭空间的大小来变大变小，总是能刚好填满这个空间。在《哈利·波特》第二集中，那个老用遗忘咒抢别人功劳的黑魔法防御课教授吉得罗·洛哈特，曾经计划用鸟蛇蛋来批量生产美发用品，声称能让头发像他的一样又卷又蓬松。

3. 隐形兽

隐形兽不仅具备了所有可爱动物的两大典型特征：毛茸茸的外表和萌死人的大眼睛，还特别有爱，专门偷东西来喂鸟蛇宝宝。草食性的它天性温和，银色毛发可以让自己隐形，巫师们也用这些毛发来制作隐形物品，它们对大概率事件有预视能力，所以如果要抓到它们一定得做些非常不可预知的事。

4. 莫特拉鼠

这是一种背上长海葵触手的海生鼠类，在魔法世界中，食用莫特拉鼠的触手可以抵御厄运，不过如果吃太多的话会长出紫色的耳毛。触手分泌出的莫特拉鼠精华可以治疗割伤和擦伤，哈利·波特被乌姆里奇折磨后就是用莫特拉鼠精华来治疗的。

5. 护树罗锅

护树罗锅长得像竹节虫，对树木的选择很挑剔，它们又被称为魔杖工匠的朋友，因为它们居住的树都适合用来制作魔杖。护树罗锅生性温和，但当自己居住的树受到威胁时也会变得很暴力，它们的尖手指可以开锁，也可以戳敌人的眼睛。

6. 角驼兽

角驼兽是欧洲产的高山生物，它们的皮比龙皮还硬，能够抵御大部分魔咒。它的金角有很高的魔药学价值，能制作稀有毒药的解毒剂。愚蠢的山怪喜欢把角驼兽当成坐骑，不过角驼兽并不喜欢，所以山怪身上通常有角驼兽撞出来的伤疤。

7. 囊毒豹

囊毒豹是原产于东非的魔法生物，虽然是豹，却和大象一样大。它可以呼出带剧毒和大量病菌的气体，所以一只囊毒豹就能轻易灭掉一个村，至少 100 个巫师联手才能摆平一只囊毒豹。这种黑色豹子的脖子上有一个巨大的囊状器官会鼓起和收缩，看起来像是一个集聚气体的器官。囊毒豹的魔法级别为最高级五级，属于最危险的生物。

8. 月痴兽

月痴兽生性非常害羞，只在满月的夜晚才出来见人，月痴兽会在月光下跳舞，据说这是它们的求偶仪式，不过这种行为制造出来的麦田图案一直都让麻瓜们很费解。

9. 球遁鸟

一闪而过的神奇动物，就是那些不能飞但是能瞬间移动的陆行鸟，囊毒豹想咬但是没咬住，麻瓜们把它们称为渡渡鸟，由于麻瓜不知道球遁鸟的瞬移能力，他们还以为自己已经让这种鸟灭绝了。

10. 恶婆鸟

恶婆鸟是非洲产的魔法生物，它分橙色、粉色、黄色和酸橙绿 4 种毛色。它们的歌声能把人唱疯，所以巫师们一般都会给它们施上沉默咒，恶婆鸟的羽毛常被做成羽毛笔，而它们生出来的蛋天生带着图案。

11. 比利威格虫

比利威格虫是澳大利亚一种土生土长的昆虫。它长约半英寸（约 1. 27 厘米），全身蓝色，并泛着青玉一般的光泽。比利威格虫的翅膀长在头顶两侧，扇动速度非常快，飞行的时候会旋转起来。不过由于速度太快，麻瓜们很少能注意到它，巫师们其实也不太能，除非被蜇了。

被比利威格虫叮了之后首先会眼花，然后会飘浮起来。因为这种神奇的现象，好多年轻的澳大利亚巫师会故意抓比利威格虫来叮自己。不过如果叮得过猛可能让你连续飞几天，而有些对这种虫过敏的人可能永远也掉不下来。

12. 毒角兽

毒角兽的兽皮同样可以抵御大部分魔咒，而且它们的角可以穿透金属，角内的剧毒魔法物质能让任何东西爆炸。不过如果不去激怒毒角兽的话，它们其实挺温和的。但电影中的毒角兽有一项非常独特的技能，它的角上充满一种极其危险的液体，将这种液体注入目标物体内，可以使目标物爆炸。

13. 雷鸟

雷鸟是北美印第安神话中的神鸟，长着鹰头，身形巨大，拍击翅膀能引起雷电和暴雨。印第安人的神话里的确有这种生物，不过原本的形象没这么亮眼，就是普通的大鸟而已。在影片中，纽特是从埃及的一个奸商手中救下了这只雷鸟。

14. 蜷翼魔

蜷翼魔简直就是暗器，会吃人脑，所以相当危险，不过如果驯服的话也可以很温顺。它分泌的毒液如果适当稀释，可以消除不好的记忆。

（二）以默默然与默然者构成的自我生态空间

尽管在《神奇》一片中奇幻动物群体出动，大闹纽约，其破坏力却根本无法与默默然相比。它的外在形象是一团会飘移在空中的墨汁般的乌云，当它发狂时人们只能看到被破坏的一切，而看不到破坏者本身。默默然不是一种动物，而是巫师的一种形态。如果巫师孩童因为心理问题而压抑自己的魔力，其魔力就有可能变成默默然，就会不可控制地爆发。

而默然者，就是由于各种原因，包括强烈且持久的刺激、突发事件引起的心理阴影等，导致一个拥有魔法能力的小孩受到了默默然的寄生。这样的孩子，就被称为默然者。默然者拥有一种强大但又原始到近乎本能的魔法力量，他们有时可以控制这种力量，但在他们拒绝控制，或是情绪失控时（如遭到惊吓、疲惫、悲伤、烦躁等种种负面情绪时），这种巨大的能量就会脱离它寄主的形体并肆无忌惮地释放出来，产生出巨大的破坏力。但这并不意味着默然者是可怕的怪物。他们只是孩子，而且是特别需要关爱和呵护的孩子。特别是默然者，并不是不可救药的。《神奇》一片中的克雷登斯·拜尔本，就是一个默然者。

（三）魔法师与麻鸡构成的人类生态空间

《神奇》中虽然构建了两大复合空间——人类社会与魔法世界，但其实观众都知道，影片描述的依旧只是人类，只不过是被分裂成不同阶层、不同阶级、不同种族、不同境遇的人类生活板块罢了，J. K. 罗琳创造的魔法世界通常都隐蔽在现实世界当中，其中会设定很多架空的历史和事件，但这些历史和事件却又有着深层的联系，完全把观众带进了 一个现实与虚拟重合模糊的空间。对于电影中存在的神奇动物们来说，人类才是最恐怖的敌人，影片最终试图告诉或者倡导观众的就是当今社会也需要像纽特这样的人去关爱身边的生灵们，并从自身做起，逐渐扩大影响力，进而引起更多的人对环境与生态问题的重视。本文试分析如下：

1. 魔法世界中的法师形象

魔法世界中的法师与人类世界一样，有好人、坏人、伪装者、阴谋家、虐待狂、变态人、情种、女英雄、野心家、自大狂、马仔……他们构成了一种特有的生态空间。但相比于《哈利·波特》以“拯救和毁灭”为主题的英伦式魔法世界，美国魔法世界更有其另外一种特色。《神奇》这部电影不仅设定的魔法种类远超《哈利·波特》系列，从作用上也与《哈利·波特》电影当中的魔法截然不同，《神奇》中的魔法并非为了学习或者杀戮，而是为了生活，如煮饭魔法、修补房屋的魔法等，而且施法动作和特效也帅气逼人！包括魔法世界中的阴暗面也基本渗透在点点滴滴的日常生活与伦理关系中，不妨在此先介绍几款不同人物形象。

关于英雄——罗琳在自己的作品中写过各式各样的英雄，在她眼里，英雄是那些有足够勇气说出“我知道问题所在，但不是不能改变”的人，《神奇》的主人公纽特·斯卡曼德就是这样一个人。

纽特原本是霍格沃茨赫奇帕奇学院的学生，后来因饲养的神奇魔法动物伤人而被开除，之后他成为英国魔法界著名的神奇生物学家，更是《神奇动物在哪里》这本教材的作者。这一点让他在普通人看来完全是一个怪人。他有一脸标志性的小雀斑，一头极其有特色的头发，加上如同小儿麻痹般羞涩的偏头风侧头动作，1.8 米的高挑身材还有点儿驼背！但他为人忠厚，甚至腼腆到会被大家误会，人们无法想象他是奇幻动物的保护神。

关于正义者，以蒂娜姐妹为代表。蒂娜本是被北美魔法国会贬职的魔法师，一位有着坚定职业操守的女汉子，有强烈的同情心和责任感，也曾有过简单轻信的头脑，对自己的傲罗（魔法世界的侦探）职业被撤有着非同寻常的痛苦。在经历了一切后终于恢复原职，她那坚硬外表下历经沧桑的柔软的心也被纽特以及神奇动物们所打动。而妹妹甜心奎妮，在影片中绝对是风情万种的女神代表！奎妮作为一名摄念师，本应该看尽世间浮沉，却对异族的雅各布心动不已，她的穿着和个性在4 位主角中尤为突出，自由不羁却又体贴他人。她貌似花瓶，却智慧果敢，能准确地判断人心，准确地找到爱人，是充满女性化的女魔法师。

关于大反派，以盖勒特·格林德沃为典型代表，他以安全部长格雷夫斯的伪装变形身份出现，而他的真实名字仅在纽特被捕的时候正式出现过。纽特对魔法国会的安全部长——傲罗——帕西瓦尔·格雷夫斯说："我才不是格林德沃的狂热者。"作为美国魔法国会安全部长，他位高权重，深受尊重，更是一个强大的高级巫师，也是美国巫师议会主席的得力干将。他有强烈的责任感，一直致力于寻找散落在纽约的神奇动物们，他要保护巫师的世界，也有着自己的信仰，同时对人类世界有着深刻的痛恨，也有着强烈的野心。

关于被奴役者。默然者克雷登斯·拜尔本，受格雷夫斯操纵的小男生，是反魔法师的塞勒姆复兴会成员，从小遭受变态的狠辣的养母玛丽的毒打，一直给观众呈现出一种瑟瑟发抖的孤独、怕生的形象，是魔法世界中被奴役、被欺骗和被蒙蔽的底层魔法师代表性人物。

2. 人类社会中的麻鸡形象

人间正义者：雅各布这一人物形象估计是大部分观众最喜爱的吧！其

受欢迎的原因莫过于以下两点：一是雅各布本身集可爱、幽默、憨厚于一身的麻鸡胖子形象，他与男主纽特的伙伴形象形成最经典的身材组合，而他与风情万种的奎妮的暧昧组合也深得观众喜欢。二是雅各布为唯一一个与魔法世界深度接触的麻鸡，在整个故事情节中，让观众最有代入感，而雅各布作为人类社会打入魔法世界的使者，其正能量的暖男正派形象也与同样作为人类的观众达成共识。

反派人物：以玛丽·露为代表，第二塞勒姆的领导人，是一个心狠手辣，对魔法师毫不留情的麻鸡，一个法西斯主义者的模板，痛恨魔法，厌恶魔法师，绝对的严格纪律信奉者，她的养子、养女哪怕是犯了一点点轻微的错误，都会招致虐待。玛丽是人类社会中恶毒、尖刻、阴冷的象征，是默默然之所以能够形成的社会基础。以报社主编父子作为剥削者的代表，在影片中虽然有些脸谱化，但作为上流社会的象征性人物，代表着人类社会中那些贪婪、冷酷者的形象，正是他们对下层人民的狠毒，挑起了阶级间巨大的斗争。

三、三大生态空间的交递互感

《神奇》给我们呈现了这三大生态空间，它们各自在其世界中发生良性与恶性的关系，但三大空间之间又发生着交互作用，传递着因果关系。美好的互动诞生和谐美好的关系，恶劣的关系则产生致命的破坏。

（一）美好的生态互动

神奇动物们能否不再被猎杀、被囚禁、被虐待，能否得到很好的保护呢？在《神奇》影片中，美好的生态关系无疑是主旋律，它们表现在以下几个方面，象征着人类世界的希望与光明——

1. 从自然母亲中脱胎而出的奇幻动物

在《神奇》中，嗅嗅不负众望地成了“网红”，不少观众纷纷表示想养这样一只捞金、卖萌、耍贱无所不能的毛茸茸的鸭嘴兽。然而，在这部以神奇动物为主角的影片中，戏份如此重的嗅嗅，却是从现实中的动物改造而来的。最开始的时候，很多人以为嗅嗅是一只鸭嘴兽，但是后来经过多方查证和对比，大家才发现比起鸭嘴兽，嗅嗅更像是一只针鼹。针鼹是最原始的哺乳动物之一，主要分布于澳大利亚、新几内亚。体长在40～50厘米，穴居，以蚁类和其他虫类为食物。它的外形有点儿接近刺猬，体表有坚硬的刺，用来防御敌人。它的腿很短，四肢上长有锋利的五爪，方便挖掘泥土。雌性的针鼹在生殖期间，腹部表面的皮肤会凹折形成一个育儿袋。电影中，纽特在银行保险库抓住嗅嗅把它倒过来时，从它腹部漏出大量的财宝，证明它腹部应该有一个袋子，也就是说电影中嗅嗅应该是只雌性。针鼹的生活方式十分古老，一般栖息于内陆沙漠地区的灌丛、草原、疏林和多石的半荒漠地区等地带，白天隐藏在洞穴中。它的视力不好，然而却能敏锐地察觉土壤中轻微的震动，主要吃蚂蚁和昆虫。

在哺乳动物中，针鼹可以算是一种长寿动物。美国费城动物园的一只针鼹，从1903年活到1953年，共49年9个月，而且还不知道送到动物园时它的年龄已有多大。由此推断，针鼹的寿命可能超过50年。由于嗅嗅对财宝的精准定位能力，古林阁里的那些家伙会饲养嗅嗅来挖地下的宝藏。但是针鼹的嘴部为管状，嗅嗅的嘴为扁平的鸭嘴状，这就是为什么它那么容易被错认为鸭嘴兽了。应该说，嗅嗅其实是针鼹和鸭嘴兽的一种融合产物。目前，针鼹已经被世界自然保护联盟列为濒临灭绝的珍稀物种。濒临灭绝的原因主要是栖息地丧失、降水量减少、旅游影响、道路发展，致使生存环境发生了改变。《神奇》的热映使人们对针鼹这种珍稀动物产生了浓厚的兴趣，希望大家除了看到它的可爱，更多地去了解它的生存现状，更好地去保护这种珍稀动物。

另一位鸟类和爬行类的结合体就是鸟蛇。根据原著，鸟蛇是来自印度和远东的动物。如果我们在现实动物中寻找会飞、会变形的蛇，就会发现天堂金花蛇（*Chrysopelea paradisi*）与鸟蛇的相似之处。“飞蛇”生活在东南亚，在印度有分布，它可以张开肋骨，把自己变成扁扁的形状，获得更多的升力，从树上跳下，它可以滑翔100米。

另外，来自英国的哲学家奥卡姆，他提出了著名的“奥卡姆剃刀”原理，表述为“在其他一切同等的情况下，较简单的解释普遍比较复杂的好”，也可以解释为“如不是为了解释的必要性，不应假设某物存在”。鸟蛇的命名是罗琳开的一个小玩笑，鉴于鸟蛇本身（和《神奇》中描述的其他每一种生物）的存在就是毫无理由的，只为了写完这部在前作中曾经提到过的书。半鸟类半爬行类的动物不仅存在于魔法世界中，古代文化中各族的神话传说里也常常将二者结合到一起。例如，阿兹特克、玛雅文明信奉的羽蛇神，是一个善良、睿智的神，创造人类，并教会了人类知识和美德。鸟蛇的外形就和羽蛇神有几分相似。阿兹特克人称羽蛇神为 Quetzalcoatl，“Quetzal”的含义为凤尾绿咬鹃（*Pharomachrus mocinno*），这是一种非常美丽的鸟，受到中南美原住民的喜爱和崇敬，他们用它的羽毛制作贵族和巫师的头饰。

而关于长有翅膀或羽毛的蛇的传说则遍及世界各地，其中最著名的应该是中美洲玛雅人和阿兹特克人信仰的羽蛇神。玛雅人称羽蛇神为“库库尔坎”，阿兹特克人则称其为“魁扎尔科亚特尔（Quetzalcoatl）”，后一名字由两个单词复合而成，前半部分 Quetzal 指的是一种鸟类，即凤尾绿咬鹃，它背上的羽毛呈闪亮的靛青色，腹部为红色，尾巴上还拖着长长的尾羽，是世界上最美丽的鸟类之一。Quetzal 的另一个意思是“珍贵”。后半部分 coatl 也具有双重含义，分别意味着“蛇”和“双胞胎”。所以 Quetzalcoatl 这个词除了用来指羽蛇神外，也用来指阿兹特克人神话中的一对孪生兄弟。

羽蛇神是玛雅人和阿兹特克人最崇拜的神灵，它通常被描述为长着美丽羽毛的蛇，神话里面倒是没有说明它是否长了翅膀。但从羽毛的颜色来看，它应当挺接近电影中的鸟蛇。羽蛇神首先给大地带来了雨水，并且教会了人类如何种植玉米等农作物，因此它被奉为“风雨之神”与“农业之神”。

除了羽蛇神之外，世界神话中还存在着埃塞俄比亚龙、所罗门群岛的费格纳斯、斯堪的纳维亚的鳞虫、阿拉伯翼蛇等众多飞蛇，但究竟哪种才是罗琳笔下的飞蛇的原型就很难确定了。

隐形兽的原型来自于俄罗斯传说中的杜莫伊，它的名字是“家庭守护灵”的意思，顾名思义，就是专门保护家庭平安的精灵。一般来说，妖怪都不喜欢让人发觉，所以大多数时候隐藏起自己的身姿，杜莫伊也不例外。据极少数有幸看见过它的人形容，杜莫伊外形长得近似人类，但浑身上下披满长长的银白色毛发，一双眼睛隐藏在毛发底下。

有个俄罗斯传说，说的是两个农夫坐在屋子里聊天，突然，门“啪嗒”一声打开了，从外面走进来一个浑身长满白毛、鼻子下面也挂着一副长胡须的老人。这个老人连招呼也不打，就走到墙角蹲下来，静静地看着两个农夫。

其中一个农夫心想，这不会就是杜莫伊吧，并尝试和它搭讪。可是当这个农夫一开口，另一个农夫便发出奇怪的疑问：“你在跟谁说话呢?”

原来，另一个农夫并没有看到有什么生物进来。看得见杜莫伊的农夫就向看不见那个解释，看不见的农夫听得有些害怕了，赶紧在胸前画了个十字。就在此时，杜莫伊消失不见了。

可爱又温顺的隐形兽有着非凡的能力：隐形和预测未来的大概率事件。巧的是，在古代中国也有一种动物同样拥有这两种能力，那就是风狸。风意味着它速度极快，可以让自己的形体无法被识别；狸，就是狸狸，在古代中国，猩猩是一种会说人言、有预言能力的动物。关于风狸，还有一种神奇的说法，是它无法被真正地杀死，你可以把它弄死，但是只要吹到任何一点点风，它就会复活。有些人会说风狸就是蜂猴。只不过蜂猴以动作迟缓著称，连隐形的边都沾不到。不过它看起来确实很可爱，因此经常被非法贩卖作为宠物。所有品种的蜂猴都是保护动物，能购买到的蜂猴都是从野外非法捕捉，为提供给人们作为宠物，牙齿还要被残忍地拔除。

《神奇》一片中那只突然把长满刺的脖子鼓起来的生物叫囊毒豹，看起来像是花豹和刺鲀的合体。在现实生活中，有些动物也会膨胀身体，如刺鲀和蜥蜴。这样能让自己看起来更大一些，吓唬别的生物，达到御敌的目的。但作为顶级掠食者的囊毒豹按理来说不需要这么做，所以更可能是为了炫耀，用于性竞争。例如，一些鹿在繁殖期会把草挑在角上，让自己看起来更大一些。

怪兽中最接近囊毒豹的应该是麝香豹（*Panther*），这里说的不是现实中的美洲豹，而是一种传说中的动物。传说这种怪兽最奇异的特点是会唱歌，而且当它唱歌的时候，一种馥郁的芳香会随着歌声飘散开来。附近的动物都会被这种甜甜的香气吸引而来，最终成为麝香豹的美餐。

毒角兽的原型来自犀牛，这种动物大家并不陌生。犀牛的祖先出现于中新世后期的亚洲，现今主要分布在亚洲和非洲。犀牛的头部居中长有一到两根角，雌性无角。极少见过犀牛的古代欧洲人经常将只有一只角的犀牛称为“独角兽”。这里的独角兽可不是指中世纪那种沉睡在美人身边的优雅的动物。希罗多德曾说，在塞西亚生活着一种巨型的灰色动物，它的头上有一只角，此角可以用来化解毒素，有极高的医用价值。根据普林尼在《自然史》中的记述，独角兽有一只黑色的角，约两臂长，矗立在额头的正中央，这种动物是印度最野蛮的动物。马可·波罗也曾描述过印度独角兽长着水牛一般的毛发和大象一样的腿，额头上长着一只角，它的头是那么的重，以至不得不永远低着脑袋。

而让纽特大跳求偶舞，还给雅各布留下深刻心理阴影的毒角兽，外形上与一种已经灭绝的古代犀牛——板齿犀极其类似。板齿犀体形比现生的犀牛大很多，肩高可能会超过两米，而角的长度可以达到两米。

毒角兽在原著中被描述为很危险的动物，因为它的角能释放毒素，导致爆炸。这种技能在神奇动物中还从未见过，唯一能令人联想到的是现实中的爆炸蚂蚁。爆炸蚂蚁是生活在马来西亚的一种蚂蚁，当危险临近的时候，它们体内的腺体会产生大量的苯乙烯气体，然后收缩腹部使自己的身体炸裂，令毒气喷射到敌人的身上。这种技能只有种群中的兵蚁才具备，这些兵蚁堪称是生物界的“恐怖分子”，不过它们应用这项本领的目的在于保护种群的安危。罗琳将爆炸蚂蚁的这项技能移植到了毒角兽身上，并转化为一种攻击技能。

黏人、能开锁、爱闹别扭的皮克特虽然在电影里和纽特形影不离，但在原著里其实对自己栖息的树更加有保护欲，它长得有些类似竹节虫，但它的护树属性和蚂蚁更加相似。这是一种保护实木的小动物，主要产于英格兰西部、德国南部和斯堪的纳维亚半岛的某些森林中。它长着两只褐色的小眼睛，因为身材太小（最长为20多厘米），而且从外表看，是由树皮和小树枝构成的，所以极难见到。平时性情平和、极为害羞，但是如果它所栖身的树木受到威胁，它就会一跃而下，戳瞎伐木工的眼睛。护树罗锅守护的树木还可以被做成魔杖！如果一个巫师把土鳖奉献给护树罗锅，就会使它得到长时间的抚慰，这样他便可以从树上取下木材做魔杖。

金合欢属的一些树确实养着“保镖”——一群伪切叶蚁属的蚂蚁。它们兢兢业业地在树上巡逻，消灭吃树叶和吸汁液的昆虫，猛蜇碰到金合欢的生物，甚至金合欢周围40厘米半径内有别的植物发芽，都会被它们咬掉。金合欢的刺还没有长成，长成之后会成为蚂蚁的居所。这样的关系自然是互利互惠的，金合欢为自己的“护树罗锅”们提供食物与住处。而豢养蚂蚁“亲兵”的植物，已知有几百种，分属于不同的科目，它们的蚂蚁守护者也种类各异，说明这种植物与昆虫的亲密联盟，在进化史上曾出现过许多次。也有蚂蚁可以和人类结盟，不过达不到皮克特与纽特那么亲密。早在公元304年成书的《南方草木状》里，就有记载：当时市场上出售蚂蚁窝，把它挂在柑橘树上，蚂蚁就会消灭柑橘害虫。这是最早的“生物防治”的例子。现在的柑橘园，仍然能见到与人类“结盟”的黄猄蚁。到冬天，果农会给它们搭小棚子御寒，还有鸡蛋和蜜糖水为蚂蚁补充营养。

蜷翼魔吃人脑，其毒液会让人失去记忆。但纽特对雅各布解释，它的毒液经过适当稀释后，可以帮助你消除不愉快的记忆。而在现实生活中，致命毒液在经过加工之后也是可以当作灵药使用的，以毒攻毒不是梦，用蜜蜂蜇人的膝盖就是一例。

凶猛又可爱的雷鸟生长于美国亚利桑那州，扇扇翅膀就能招来暴风雨，这种能力也许与亚利桑那州干旱的气候有关。作为罗琳想要的“完全美国化的神奇动物”，它的原型即为某些北美原住民传说中常见的同名神话生物，尤其在太平洋西北部、美国西南部、五大湖区域和大平原区域文化中多见。虽然名为鸟，但电影中，我们能看到它的生理构造有些类似爬行类动物。它有三对翅膀可以拍动，后两对翅膀是连在尾巴上的，如果这条尾巴只是一束羽毛，翅膀内的骨骼和肌肉将无处依附。所以，这是一条有骨有肉，属于爬行类的尾巴。此外，它的竖直瞳孔也很像蜥蜴。

另外，雷鸟这个概念其实能与中国古代的凤相对应。这个凤可不是凤凰涅槃的那个凤，更准确地说是大鹏。凤体形巨大，呼吸吐纳产生风暴。不只美洲和古代中国，在古代波斯神话、古印度神话和犹太神话中，都存在着一只能呼风唤雨的巨鸟。而从古生物学的角度来看，鸟与蛇的结合也是有演化依据的。随着古生物学的进步，恐龙的形象逐渐从冰冷带鳞的“蛇”向“鸟”靠拢。从1996年发现中华龙鸟开始，中国已出土了几十种带羽毛印痕的恐龙化石。小盗龙亚科的一些恐龙，身材瘦小，4条腿上都长着又长又硬的羽翎，好像4只翅膀，长长的尾巴上也披着羽毛，和雷鸟在外形上有相似之处。

2. 来自魔法界与麻鸡族的人类情谊

（1）异族间的友情。

纽特与雅各布，影片最后，纽特让雷鸟叼着蜷翼魔的毒液制造了一场让麻鸡抹去记忆的和平之雨。这场雨也是离别之雨。北美将魔法师隐藏于世人的落后法律，不容许有一个例外存在。雅各布走向了雨中，又变回了在罐头工厂上了24年班的普通人。但是好运常在，纽特将一皮箱的鸟蛇纯银的卵壳赠予他，雅各布得以贷款经营起一家生意爆棚的面包房，面包造型更是千奇百怪的神奇动物。

（2）异族间的爱情。

再次与奎妮相遇，那一眼万年的感觉真可谓是“与君初相识，犹如故人归”，雅各布不自觉地摸了摸颈后的旧伤，有一种命运之感，他们的爱情确乎是前世姻缘。

（3）同族间的爱情。

纽特与蒂娜那欲言又止的爱情，和麻鸡世界一样，魔法世界就是人间世界。

（二）人类与奇幻动物的互动关系

我们已知魔法世界不过是人类世界的翻版，魔法师的一切行为也就是人的一切行为。以纽特为代表的正义魔法师，以拯救神奇世界中动物的英勇义举，典型地反映了人类与奇幻动物间的生死相依关系。而麻鸡雅各布，则象征着那些本来处于人类中心主义立场中的芸芸众生，一旦误闯魔法世界，真正与动物相处，了解之后很快就爱上它们，心胸宽大的他坦然接受了事实，最后随遇而安成为神奇动物们的保姆。这一转变真实地反映了当下大多数社会人群对动物的认识。

（三）三个生态空间中的恶性循环

1. 投射于魔法世界中的现实政治生态环境

黑魔法师会有追随者，自然是因为统治者的法律中存在很大的漏洞，譬如默然者就遭到了无辜的屠杀。“魔法法律保护的究竟是谁?”这样的问题其实早就有了答案。在影片中，美国魔法国会以保护魔法师为由，禁止魔法师曝光于麻鸡中，并拉开了与麻鸡的距离。麻鸡和魔法师之间这样不平等的社会关系必然会导致社会问题与反对者的频频出现。罗琳女士在此之前陆续发表了一系列关于北美魔法社会的文字，介绍北美巫师的历史和政府构架，尤其刻画了北美魔法社会中，巫师和麻鸡一直以来都有着比其他大多数国家都更深切的隔膜和仇恨。根据“美国魔法议会”一文所说，美国是全世界唯一一个巫师政府与麻鸡政府没有任何合作的国家。其所在的历史背景，也就是19世纪20年代的纽约，北美的巫师社会尚存在一种“族群隔离法案”，即禁止巫师与麻鸡交友、通婚，甚至连日常交流也必须保持在最少，违者将被视为触犯了巫师法律。北美巫师政府对触犯巫师法律的人惩罚得格外严厉。英国的巫师罪犯通常都会被送去阿兹卡班坐牢，而在北美的法律中，犯罪的巫师将被直接判处死刑。北美巫师与麻鸡之间如此深厚的隔膜可追溯到现实世界一个真实的历史事件：1692年美国马萨诸塞州的“塞勒姆审巫案”。这一起臭名昭著的宗教迫害案导致25人被害，其中19人被处以绞刑，2名婴儿死于狱中。罗琳将这个真实历史事件编织进了她（虚构）的北美魔法历史里，并将其作为了一个重要的历史节点——全世界的巫师都在这一严酷的背景下建议全部转为地下，并由此签订了《国际巫师保密协定》。美国魔法国会作为提议签订《国际巫师保密协定》最积极的国家，正是因为他们曾经遭受“塞勒姆审巫案”的严重冲击。

北美魔法历史中另一个巫师与麻鸡仇恨的根源，在于一个叫“擦洗者”的组织。说的是当时北美巫师社会一度处于无政府的状态，极度混乱中许多欧洲的黑巫师都窜逃于此，由此黑魔法横行。与此相应的是美国麻鸡世界民间基督教迫害巫师盛行，一些邪恶的黑巫师便组成了一个叫“擦洗者”的黑社会组织，以追捕无辜巫师上交给麻鸡教会来谋财害命，甚至抓捕无辜的麻鸡冒充巫师上交教会以获取暴利。北美巫师政府成立以后，该组织的诸多黑巫师成员并没有被绳之以法，而是融入了麻鸡社会繁衍生息，再难捕获。这些黑巫师遗留在麻鸡社会中的后人，就此便成为了北美巫师社会最大的隐患，使北美巫师与麻鸡之间仇恨的伤口久久不能痊愈。在作者的设定中，恰恰是黑巫师组织的“后人”催生了北美的巫师与麻鸡族群隔离法案。在经历了一次差点儿暴露了整个国际巫师社会的巨大危机之后，美国巫师社会便开始严厉地执行起族群隔离法案，尤其开始严厉禁止巫师与麻鸡之间的恋爱与通婚。纽特向胖麻鸡雅各布解释时说：“在巫师转为地下之前，麻瓜仍然四处追捕巫师，许多年幼的巫师为了免于迫害，开始压抑自己的魔法天性。”默然者克雷登斯·拜尔本正是其中的一位，而他的养母玛丽·露则正是“擦洗者”后人。背后的核心正是巫师与麻瓜两个族群之间长久的矛盾与仇恨。因此，这是一个黑暗的历史时代，一个黑暗的社会所具有的人性悲剧，它映射的是人类间从未停息过的迫害与排挤，以及永无休止的冤冤相报。

同样是魔幻，罗琳的“魔法世界”和托尔金的“中土世界”存在巨大的差异。“中土世界”是一个远离现世社会，带有中世纪古韵的寓言式世界，“魔法世界”则恰恰在于它离我们很近，从来不是一个世外桃源，与现实世界一样琐碎、秽杂，像一面镜子，对照着现实世界中的正邪善恶。这样的背景对于电影《神奇》是极其重要的。首先，它让这部电影中一条十分重要的爱情线变得更加动人。从爱情萌生存在开始，他们就越过人群的禁忌而对视，这正是暗示了突破禁忌的希望。他让我们真正理解了为什么电影不在纽特与蒂娜告别时结束，而偏偏要以他们二人的对视作为最后的镜头。

2. 被社会压抑的心灵与黑暗爆发

《神奇》在哈利·波特 7 部正传故事的基础上最精彩的再创作，无疑是一个悲哀的设定，这是从邓布利多的妹妹阿莉安娜那儿延伸而来的。在第七部第二十八章中，邓布利多的弟弟阿不福思讲述了母亲和妹妹阿莉安娜的故事：阿莉安娜小时候一个人在后院玩耍，还没办法控制住自己的魔法。邻居家的麻瓜男孩儿们看到了，强迫她重新变出刚才的戏法，阿莉安娜做不到，麻瓜男孩们就残忍地折磨她。阿莉安娜因此对魔法产生了巨大的恐惧，而永久地压抑了自己的魔法。然而被压抑的魔法并没有离开她，而是成为了一个痛苦的梦魇。她时常会失控爆发，甚至因此不小心杀死了自己的母亲。正是因为母亲的过世，邓布利多才在毕业的夏天被迫留在了老家戈德里克山谷，结识了后来成为黑巫师的格林德沃。最终在他、格林德沃以及阿不福思三个人的一次争执中，不知是谁过失杀死了因为受刺激而再次爆发的阿莉安娜。《神奇》中的格林德沃从中意识到了“压抑魔法的天性会造成更强烈的爆发”这个概念，因此开始疯狂地寻找拥有此能量的孩子。

然而，《神奇》中的这个设定要复杂有深意得多：在《神奇》对默然者的设定中，所有成为这种黑暗魔法力量寄居体的少男少女正常情况下都活不过 10 岁。阿莉安娜死的时候活到了 14 岁，我们可以合理推测她只受过一次迫害，体内的黑暗力量并没有发展强大，而玛丽·露作为擦洗者组织的后人，一方面如此仇恨巫师社会，另一方面却又把自己包装成慈善会人员：她收养孤儿，向贫苦的孩子们发放食物；打着“慈善”的幌子，将她对巫师的仇恨，连带着她那个承载着血雨腥风历史的姓，一起强加给她收养的儿女们。罗琳的用心良苦也许在于，只有当这样的历史仇恨被加之于这个少年身上时，我们才终于得以看到这仇恨让人无限悲悯的另一面。

我们直面了一个血淋淋的事实：这样灭顶的仇恨最终竟然需要由一个无辜的少年来承担，是何等的不公！

3. 种族之间的仇恨交递

巫师与麻瓜之间的矛盾，一直以来都是罗琳“魔法世界”的核心主题。只是在《哈利·波特》7 部正传中，麻瓜对巫师的憎恨是较为浅淡的，即使弗农姨夫与佩妮姨妈对哈利的憎恶，也更多地来源于对不守规矩的“异类”的鄙夷与不屑，并没有要对一个族群赶尽杀绝的仇恨。当《神奇》把故事移向美国，麻鸡对巫师的仇恨与迫害却变得更加具体和强烈，已然成为了一个无法解开的宗教、历史问题。

如果说伏地魔吸引人心，更多利用的是人们对权力的贪婪，格林德沃利用的就是仇恨本身。他利用仇恨来制造更多的仇恨，并以此将社会推入下一个无解的恶循环，不可避免地让人联想到现实生活中英国政治与美国政治的本来面貌。英国的精英政治与贵族传统的确可以与伏地魔的“纯血统”傲慢相对照。而美国从黑奴时代蔓延至今，剪不清、理还乱的种族仇恨，无疑也仿佛在美国巫师与麻鸡之间无解的仇恨中有所体现。仿佛再没有谁是绝对的、永远的受害者。《神奇》中，“权力中心”与“弱势边缘”的关系变得模棱两可：巫师与麻鸡，谁是权力的中心？谁是被迫害的边缘？还是互为彼此的“他者”，再没有哪一方真正无辜？

黑暗力量正是仇恨的产物。而这个源于仇恨的黑暗力量永远是双向作用的，在摧毁报复他人的同时，也同样摧毁了自己。仇恨是一出永远没有胜者的悲剧。然而在黑暗的对面也永远会有光明，哪怕它小如萤火虫之光。因此《神奇》中出现的纽特、蒂娜、奎妮、雅各布等可爱的角色，意义多么重大。他们正视黑暗的存在，奋力地想要找到除“仇恨报复”以外的另一条路，即使这异常艰难，比打败伏地魔、格林德沃这些有血有肉的大魔王要艰难得多——因为扎根于人内心无形的恨意与偏见永远是最难消除的。

四、影片中生态整体主义的艺术呈现

（一）与《哈利·波特》一脉相承的生态理念承传

因为在写《哈利·波特》7部正传时罗琳并没有构思过要写《神奇》这个系列的故事，所以这一次罗琳来了一次逆向思维，在《哈利·波特》7部正传中搜罗有趣的细节，并对这些细节进行重新解读、发散和延展，从而创造出新的“设定”。

例如，奎妮会读心的设定。“读心”词汇实际上来源于咒语“摄神取念”（legilimency spell）。“摄神取念”咒曾在第五部《凤凰社》中是至关重要的一环。正是因为哈利没有好好跟斯内普学习“大脑封闭术”来抵御“摄神取念”咒的魔力，伏地魔才乘虚而入给了他虚假的信息，引他进入了神秘事物司的陷阱，最终造成了小天狼星的死亡。在《神奇》中，“摄神取念”咒语全面提升，“读心者”成为了一种巫师的类型。而爱“金”如命的萌宠“嗅嗅”，也是罗琳从《哈利·波特》的7部正传里回收的。在第四部《火焰杯》中，“嗅嗅”第一次出现在“神奇动物保护课”里，是哈利和他同在四年级的同学继炸尾螺之后需要学习的另一种“神奇动物”。“神奇动物保护课”的老师海格当时刚被无良记者丽塔斯基特揭露是一名混血巨人，因此遭到各种媒体轰炸，家长状告。电影中有很多细节拨动着铁杆哈迷的心弦，比如纽特的黄灰相间的围巾，告诉人们70年前赫奇帕奇獾曾是魔法学校的主角。但罗琳在剧中渗透的价值观与哈利·波特系列的主题“爱”有所不同，《神奇》对现实问题的映射更加多样，主题更为复杂，这里面的主角都是已经走出校门的年轻人，他们面对的世界，当然要比仅仅一个伏地魔可怕得多。

（二）生态视阈下的主创人员选择

扮演纽特这个疑似有社交恐惧症，但在正义和动物面前却无比英勇的角色的，是被中国粉丝亲切地称为“小雀斑”的奥斯卡金像奖和金球奖双料影帝埃迪·雷德梅恩。雷德梅恩认为这部电影的核心主题是人类对自己不了解的事物产生的恐惧，以及对这样的恐惧采取的极端手段。在电影里故事开始之前，纽特耗时一年环游世界，走遍赤道几内亚等人迹罕至的地带寻找神奇动物，最终提了一箱子悉心呵护的宝贝生物抵达纽约。纽特相信，如果魔法师们可以获得适当的信息和教育，他们总能明白这些生物是多么了不起，也能够和它们和谐共处。因此影片一开始就描述纽特遍访世界各地，寻找神奇动物并为它们做文献记录，试图为整个魔法师世界科普神奇魔法动物的重要性，以及解释保护它们的原因。《神奇》主演中最年轻的埃兹拉·米勒扮演克里丹斯，他曾"熟读原著五十遍"，该角色至今为止尚未在任何预告中出现过，是所有关键人物里最神秘的存在。导演大卫·叶茨是《哈利·波特》后4部的导演，对《神奇》这部从《哈利·波特》宇宙衍生出来的新世界深有体会。他认为该剧与霍格沃茨作为背景的感官将截然不同。"影片探讨的主题非常成人化、戏剧化，切入的矛盾我们在现实世界也能看到相似的地方。"叶茨强调说，"当然，《神奇》同样具有罗琳作品中最精髓的魅力、人性和戏谑。它不是成年后的哈利·波特故事，它有种纯粹的特质，吸引我们走进这个世界，幽默感、黑暗与好奇心混杂在一起，让我们情不自禁爱上这些角色，沉迷在这个世界中。"

（三）精心设计的动物形象

无论是对任何闪闪发光的东西无法抗拒的嗅嗅，还是树杈状的护树罗锅皮克特、超大型的毒角兽、带翅膀的扑扑鬼和雷鸟、有着蓝宝石色彩的比利威格虫，制作团队通过CGI技术赋予了这些精心设计的神奇动物尺寸、色彩、光、行动和个性。追根溯源，它们始于罗琳几年前所写的纽特·斯卡曼德的教科书。视觉效果主管克里斯蒂安·曼茨说："它成了我们的百科全书，我们面临最主要的挑战是创造出让人信以为真地生活在魔法世界动物王国里的那些神奇动物。"

虽然是身在魔法世界的神奇动物，但主创们坚持设计不能脱离实际，灵感来源仍然是大自然。大卫·叶茨说："我希望我们所有的神奇生物看上去是可信的，尽可能真实，我们不想把它变成一个特别大的奇幻巨制，只有观众接受了这些神奇动物存在于和我们同一个时空才能算成功。"因此片中动物的种类和现实世界的动物王国一样广泛，从哺乳动物到鸟类、爬行动物、昆虫，让人目不暇接。大卫·叶茨说，制作一种生物一般需要9个月时间，经历15～20次的稿子修改，而且每个生物都会有不同版本，像皮克特就做了250个版本。

（四）怀旧情怀下的生态环境影调

一开场熟悉的音乐响起，铺天盖地的巫师报纸新闻，将北美麻鸡与巫师对立的局面、全欧通缉格林德沃的背景、北美魔法部紧张兮兮的氛围确立下来，让观众迅速进入剧情。雅各布和三人告别的地铁站应该是纽约的旧市政厅站（The Old City Hall），不过它在1945年因为规格与新式列车不符被停用了。旧市政厅站是一座非常美丽的地铁站，由著名设计师设计，有着特殊的瓷砖墙壁、圆拱形穹顶、玻璃花窗和水晶灯。为什么雅各布喝了那个酒会尖笑一声呢？“笑水”（giggle water）其实是禁酒令时代对酒精饮料的黑话。然而巫师的地下酒馆里卖的笑水，喝了真的就笑了……被押走以前，格林德沃对纽特道了句意味深长的“Will we die, just a little（我们会死去一点吗）?”它来自著名的“每次说再见，我们就死去一点”。这句话可追溯的最早来源是法国诗人埃德蒙·阿罗古于1890年发表的诗歌*Rondel de l'adieu*（《道别回旋曲》），诗歌第一句“Partir, c'est mourir un peu”即为“离别就是死去一点”。鉴于电影背景设置在1926年，格林德沃能接触到相关表述也完全可能。这句美丽而伤感的诗词后来被大量化用，其中最著名的包括1944年科尔·波特（Cole Porter）所作歌曲*Ev'ry Time We Say Goodbye*，开头即“Everytime we say goodbye, I die a little（每次我们说再见，我就死去一点）”。

（五）电影产业带来的生态文化符号传播

从欧洲到北美，从伦敦到纽约，魔法之风的基础依旧，开场那段熟悉的旋律仿佛开启了昔日的回忆。可随着镜头的推进，浓厚的美式味道开始散发，穿梭在街头的汽车、架在空中的轨道，还有极具美式特色的“魔法国会”。它们构成了电影产业，会带动现实生活中周边娱乐产业的发展。越来越多的神奇动物渐渐构架完整的动物纲目体系，发展成如同英国霍格沃茨游乐园、迪斯尼游乐园等的娱乐产业，相信全球随着影片的系列播映，也会发展起伊法魔尼游乐园。不久，各大商城和网络上就开始售卖神奇动物玩偶、工艺品了。如果雅各布的爱的面包房开放，或者面包师能做出同样造型的可爱的神奇动物面包，销量一定飙升。

结　语

《神奇》真正的神奇之处，在于编剧和导演并不致力于讲述一个惊心动魄的奇幻故事，而是想要创造一个童话般温和的隐喻。那些看似危险实则温柔的神奇动物……麻鸡与巫师，巫师与神奇动物，影片以双重讽刺来批判人类中心主义，但是它也告诉了人类如何与自然及其他种族快乐、和谐地生活，以此来鼓励人们对未来充满信心，这些思想与生态主义的精神相符合，能够帮助人类解决所面临的生态危机和精神危机，是值得人类实践的。罗琳创造的魔法世界设定了很多架空的历史和事件，与现实却又有着深层的联系，完全把观众带进了一个现实与虚拟重合模糊的空间。

总而言之，虽然这部影片的标题是“动物”，但故事的实质还是回归人类。对于电影中存在的神奇动物们来说，人类才是最恐怖的敌人，反观现实世界存在着的万千生灵，其实处境是一样的。人类为了生产建设大肆破坏生态环境，让许多物种濒临灭绝，影片最终试图告诉或者倡导观众的，就是当今社会需要像纽特这样的人去关爱身边的生灵们，并从自身做起，逐渐扩大影响力，进而引起更多人对环境与生态问题的重视。

附：

王旭烽小说的生态写作

陈　奎　汪全玉

中国现代文学生态写作发轫于20世纪80年代，到90年代开始兴盛，至21世纪，更是成为一种广受关注的文学思潮和文学现象。生态写作的产生和发展，主要基于三个方面的背景和缘由：一是现实生态问题的严重，二是外来生态思潮的影响，三是本土生态传统的承续。随着生态写作的兴盛，20世纪80年代末期，生态批评开始受到文学理论和文学批评界的关注，并逐渐成为文论界的显学。

1. 自然生态：王旭烽小说创作的基础

曾获茅盾文学奖的著名作家王旭烽生于嘉兴平湖，学习、生活和工作都在杭州，其写作的绝大部分题材都来源于浙江。从创作成就上看，奠定其在文学界地位的是小说创作。而从生态批评的角度看，王旭烽的小说创作基于两个生活场域："谜江"（富春江）和杭州（西湖）。因此，在王旭烽的小说中，处处体现着以优美自然环境为主的自然生态的影响。综观王旭烽的创作历程，最能代表其生态写作特征的作品有中短篇小说《谜江》及"西湖十景"系列小说，以及长篇小说《茶人三部曲》，几乎涵盖了王旭烽的所有小说创作。而小说，也是王旭烽到目前为止最为重要的文学创作实绩。因此可以说，王旭烽就是一个典型的致力于生态写作的作家。

自然生态作为王旭烽小说创作的基础，或许有着较为独特的个体原因，但仔细梳理她具体的创作则可见，她在题材选择上有着鲜明的生态意识，其小说的整体艺术风格也有着浓郁的生态之风。1980年，王旭烽开始发表作品走上文坛。20世纪80年代，她较有影响的小说是《谜江》、《从春天到春天》、《闯荡》以及《静有关五个女人》等。连续发表了几篇有一定影响的作品后，1984 年就有研究者将王旭烽视为浙江乡土文学的新生力量，由此可见，王旭烽从一走向文坛，就确立了乡土题材的写作取向。她这个时期的小说创作，有写城市青年生活的，也有很多是以故乡“谜江”（富春江）为背景的，在对故乡的人和事的刻画中，王旭烽也展示了自己对故乡民情风俗的热爱。简而言之，王旭烽写故乡这块美丽而又受难的大地，表现了自己对受难大地的理解和深爱。

当然，她的情感也超越对这块受难大地的渴求，表现了对未来的向往，对未来无限追寻的浪漫与诗情。王旭烽在 20 世纪 90 年代以杭州西湖为背景，创作了《爱情西湖》即“西湖十景”系列中篇小说。10 篇小说分别是《断桥残雪》《南屏晚钟》《平湖秋月》《苏堤春晓》《双峰插云》《花港观鱼》《曲院风荷》《雷峰夕照》《柳浪闻莺》《三潭印月》，篇篇小说都写得很有古典意味，在现代的艺术表现技巧中，自然地吸收了古典小说的叙述方法，同时加入新的尝试，力图将乡土文学中的现实主义的外壳和内在的精神相融，在这种自然环境与小说环境的融合中，生态写作的基础也就显得更加自然和真实。另外，仅从她的代表作《茶人三部曲》以及她目前正在从事的茶文化研究经历就可以看出，王旭烽的文学创作，选择了与自然环境完美融合的题材。《茶人三部曲》共计 130 多万字，故事发生时间 1863—1998 年，展现了浓重的乡土气息和浓郁的自然风情，具体篇目分别是《南方有嘉木》《不夜之侯》《筑草为城》；其中，《南方有嘉木》获 1995 年度国家“五个一工程”奖，2000 年，和第二部《不夜之侯》一起再获第五届茅盾文学奖。这几部小说的名字，又充满了浓郁的生态意味。作为王旭烽小说创作的一个高峰，其中的自然生态背景，依然成为了几乎常常被忽略的标签。

2. 社会生态：王旭烽小说创作的重点

难能可贵的是，王旭烽的生态写作，不是被动的，显现了一种文学与自然环境完美结合的自然美、外在美以及内在美。特别值得肯定的是，王旭烽的多个系列小说多是关于故乡人物与自然生命形态的创作，主要是将杭州的历史与现实以及西湖人物结合，展现了典型的浙江社会生态。在他的作品中，无论是书写历史的风云，还是展示杭城的剪影，抑或是再现西湖的美景，都能够将人物风神和自然美景以及浓郁的具有地方特色的人文环境熔为一炉，使小说中的人物与环境——无论是自然环境，还是社会环境，都能够完美地融合在一起，达到一种唯美而不失深度的境界。应该说，生态写作是以自然为基点，最终又回到人对自然态度问题上的一种写作倾向。在这个从起点到终点的转化过程中，有一个需要重点解决的问题，那就是如何搭建一个社会生态意识，这似乎也应该是文学作品的文化使命之一。

从根本上说，生态批评在关注人类与自然生态和社会生态关系的基础上，还应该着重关注精神生态的研究，以解决人类自身的精神生态危机，也只有解决了人类自身的精神生态危机，才能真正解决人与自然的生态危机。客观世界的环境和生态的变化，越来越多地促使文学家去探讨社会问题，在这些作家中，王旭烽始终注重社会生态的书写，而不是单纯地暴露和揭示社会问题。她的早期小说，就已经表现出了将社会生态作为小说创作重点的特点，如《谜江》这部短篇小说，就已经展示了深刻的社会生态。小说采用了第一人称的叙事手法，讲述了“我”，也就是主人公浮生在回乡之后的心理变化的历程。浮生对家乡的认识，经历了一个重新认识的过程，当然，这个过程主要得益于女主人公及其他人物对真挚感情的坚守。小说反映了一个最重要的时代问题，在这篇小说中，我们很容易看到路遥《人生》的影子。只不过，《谜江》的出发点是赞美，不是批判，其结局也是温暖的，既揭露人性的弱点，也集中地表现了劳动人民的本色美。在老一辈坚韧不屈经历的感染下，浮生也更深刻地体会到了人与人之间的感情的美好，特别是体会到了爱情的坚贞，让他获得了更多进取的力量。《人生》中，高加林离开土地，辗转又回到土地是出于社会的压力；《谜江》中，浮生则是主动去适应环境的变化，主动去体味生活的情感，在这个体会的过程中，他逐渐改变了知识分子的时代病，在生养自己的土地上完成了认知的蜕变。将人物的命运置于时代的大背景中，并以向上的力量安排人物的命运，在作者巧妙的安排中，读者能感受到主人公情感变化的真诚、自然的过程，这也是这篇小说最为成功的地方。正如文章中写到的，“有那么多东西可以改变，但灵魂里却躁动着另一种不变的感应，灵魂在侧耳倾听另一种永恒的声音”。他想回避也回避不了，他想逃脱也逃脱不掉。浮生听到的“永恒的声音”，正是作者逐字挖掘的劳动人民的本色美和精神力量。这种精神力量，是当时社会进步的最重要因素，充分反映了王旭烽作为小说家，对小说创作中社会生态写作的坚持。

因此，可以说这种叙事方式，将青年知识分子与普通劳动大众进行精神对比，也是十分符合当时文学创作的潮流的。当然，还有诸如《从春天到春天》等短篇小说，在对故乡民情风俗，主要是人物命运和生活经历的展示中，表现王旭烽对生命现象、人生意义的关注与探究。总体来看，面对故乡这块美丽而又受难的大地，王旭烽的文学创作思想是在一种较为矛盾的境况下展开的，具体来说，她既有对受难大地的理解和深爱，更有超越这块受难大地的渴求。在她的早期小说中，向往未来、追寻无限的浪漫与诗情，是十分鲜明的特点。

再看王旭烽关于杭城与西湖的小说创作，很符合生态批评对生态写作的要求，如《茶人三部曲》描写茶业世家百年兴衰的历程，小说以绿茶之都杭州忘忧茶庄主人杭九斋家族的命运为主线，描写了这个典型的江南家族4代人起伏跌宕的命运。不仅是写作客体，就其本身的故事架构而言，也是典型的社会生态图景，也即一个世纪以来中国的社会变迁，以及杭城历史沧桑的宏大背景。实际上，正是因为作者鲜明的社会生态意识，在具体的小说文本中，可以明确地看到以茶业兴衰喻示中华民族历史命运的目的，显现了自觉的社会生态写作意识。

3. 文化生态：王旭烽小说创作的指向

王旭烽的小说创作，可以说在很大程度上秉承着“以人为本”的创作立场，这是作家尊重读者、敬畏生命的直接表现。2000年，斩获茅盾文学奖的王旭烽畅谈了小说写作心得：一部好作品有三个特点，一是对人类生存状态的关注程度，二是具有不可重复性，三是在文本、语言、结构上一个民族与另一个民族要有差异。那么，可以想见的是，在这样的理念下创作出来的小说，必定有着十分确凿的文化生态特征，至少也会显现出一种明确的文化指向。

王旭烽以西湖为背景创作的“西湖十景”系列中篇小说，于中演绎的一曲曲凄美缠绵的爱情故事，主要是从对西湖的价值认识、文化认识切入文学，穿越西湖的外在，进入其真正丰富而深邃的本质。《爱情西湖》进行了新的小说文本实验，承继中国系列小说传统，融合西方现代小说技巧，从探索小说艺术技巧的角度看，王旭烽这10篇小说吸收了古典小说的叙述策略，既有扬弃的态度，又有创新的态度，这些小说，多采用连贯叙述方法，运用全知视角，小说主要以情节为架构中心。其中的每一篇，都完整地述说了系列感情故事，所述故事生动感人，具有很强的可读性。可以两例来看：化用“白蛇”传说的《断桥残雪》，故事背景却是20世纪20年代大革命前后，开篇就给人阅读的兴趣，故事的情节甚至人物的名字都与传说相一致，主人公许宣是杭州一个药店的伙计，在小青姑娘的帮助下，与小白由相恋到成为眷属，但幸福的生活很快随着小青被海师长所害而打破，小白替小青报仇而改变，小白寻仇后消失，许宣在断桥边苦等爱人65年。另一篇《雷峰夕照》则采用“嵌套结构”，这一典型的民间故事叙事结构，将杭州著名的刘庄主人刘学询的八姨太一生的故事，穿插在子虚与师姐吴悠相见的情节中，在娓娓道来而又在徐缓有致的叙事节奏中，一个虚实结合的故事给读者带来了独特的阅读感受。再加上小说多用伏笔来写，还多处设置悬念，读来有悬疑之感，从而使小说情节波澜起伏，故事扣人心弦：实写的主人公吴悠在虚实之间穿越，带动整个故事生动展开，小说很有可读性。不仅仅是这两篇，其余“八景”的小说也都取材于本土传说和历史人物，充满了浓郁的浙江本土特别是杭州的人文气息，其不仅在小说艺术上成就颇高，在解决人与社会及自然的关系上，也很有新意：不仅仅是写作中反复出现的自然美景，这些美景更是小说人物情感和文本意蕴的载体，而最终，小说读来感人至深。

生态美学并非仅仅是一类写作题材，它所描述的人与自然的关系的演进，扩展了文学仅仅表现人与人、人与社会的范畴，丰富了“文学就是人学”这一概念的内涵。在文学理论界，早就有学者将叶兆言的“夜泊秦淮”系列和王旭烽的“西湖十景”系列视作文化小说，赞誉这些中篇小说是“新历史文化小说”。从王旭烽小说的创作情况看，其历史文化小说的评价，自不为过。其作为“新历史文化小说”的地位和贡献，还可以进一步从长篇小说《茶人三部曲》中探究，在这篇小说中，王旭烽将生态写作与浙江文化特别是杭州文化的结合也十分典型。在小说中，王旭烽注重展现人物在人生道路上直面深重忧患、坚韧不屈、砥砺前行直至流血牺牲也在所不辞的杭州茶人精神。在这篇小说中，王旭烽把茶文化人格化，赋予“茶”这一自然生态以文化性格和人文精神，简言之，也就是将茶文化的精神融入中华民族的整体精神中，从一个角度充分展示民众在生存与发展过程中不断追求的坚毅精神，赞美了他们追求自由、向往光明的人性美。大学毕业后，王旭烽曾到茶博物馆工作，这使她获得了与茶亲密接触的机会，长期接触也使她开始研究茶文化，如今，又有了许多精深而又独到的研究心得，她曾说：“如果用一种植物来观照我们这个民族的话，没有什么比茶来得更为合适了。茶的内激、历史悠久、生命力旺盛的特点很多地方与中华民族的优秀品质相关。”于此来看，王旭烽最重要作品的生态写作的生态指向也不言自明了。

除前文所述的部分小说外，王旭烽的小说还有《斜阳温柔》及《绿衣人》，另外她还有报告文学作品《家国书》，散文随笔集《香草爱情》《绝色杭州》《走读西湖》《书香乌镇》《西湖新梦寻》等，而王旭烽还有史话类作品《杭州史话》《走读浙江》，以及散文集《爱茶者说》《端草之国》等，除《茶人三部曲》之外的茶文化作品，作为浙江省茶文化研究会副会长，并且在高校开设茶文化课的著名作家王旭烽的人生经历和写作经历，整体上都蕴含着深深的“生态美”意识，这些丰富经历和典型特征，是其文学作品生态写作的基础。当然，其小说中的生态学写作，是很有代表性，也是最有影响的一个方面。

参考资料

［1］曾繁仁．生态美学基本问题研究［M］．北京：人民出版社，2015.

［2］戴尔·古德．康普顿百科全书·生命科学卷［M］．北京：商务印书馆，2003.

［3］余谋昌．文化新世纪：生态文化的理论阐释［M］．哈尔滨：东北林业大学出版社，1996.

［4］王晓东．西方哲学主体间性理论批判［M］．北京：中国社会科学出版社，2004.

［5］汤因比．历史研究（上）［M］．曹未风，等，译．上海：上海人民出版社，1997.

［6］刘湘溶．生态文明论［M］．长沙：湖南教育出版社，1999.

［7］罗嘉昌．从物质实体到关系实在［M］．北京：中国人民大学出版社，2012.

［8］余谋昌．创造美好的生态环境［M］．北京：中国社会科学出版社，1997.

［9］万俊人．寻求普世伦理［M］．北京：商务印书馆，2001.

［10］焦国成．儒家爱物观念与当代生态伦理［J］．中国青年政治学院学报，1996（2）：81－87.

［11］陈寿朋．生态文化建设论［M］．北京：中央文献出版社，2007.

［12］严耕，杨志华．生态文明的理论与系统建构［M］．北京：中央编译出版社，2009.

［13］赵章元．生态文明六讲［M］．北京：中共中央党校出版社，2008.

［14］丹尼尔·A. 科尔曼．生态政治——建设一个绿色社会［M］．梅俊杰，译．上海：上海译文出版社，2002.

［15］约阿希姆·拉德卡．自然与权力：世界环境史［M］．王国豫，付天海，译．保定：河北大学出版社，2004.

［16］陈敏豪．生态文化与文明前景［M］．武汉：武汉出版社，1995.

［17］胡筝．生态文化：生态实践与生态理性交汇处的文化批判［M］．北京：中国社会科学出版社，2006.

［18］霍尔姆斯·罗尔斯顿．哲学走向荒野［M］．刘耳，叶平，译．长春：吉林人民出版社，2000.

［19］布莱恩·巴克斯特．生态主义导论［M］．曾建平，译．重庆：重庆出版社，2007.

［20］刘爱军．生态文明与环境立法［M］．济南：山东人民出版社，2007.

［21］余谋昌．生态文化问题［J］．自然辩证法研究，1989（4）：1－9.

［22］欧阳志远．关于生态文明的定位［N］．光明日报，2008－1－29.

［23］理查德·瑞吉斯特．生态城市：建设与自然平衡的人居环境［M］．北京：社会科学文献出版社，2002.

［24］怀特海．思维方式［M］．刘放桐，译．北京：商务印书馆，2013.

［25］贺麟．现代西方哲学演讲集［M］．上海：上海人民出版社，2012.

［26］奥尔多·利奥波德．沙乡年鉴［M］．侯文蕙，译．长春：吉林人民出版社，1997.

［27］李欣复．论生态美学［J］．南京社会科学，1994（12）：53－58.

［28］徐恒醇．生态美学［M］．西安：陕西人民出版社，2000.

［29］阿诺德·伯林特．环境与艺术：环境美学的多维视角［M］．重庆：重庆出版社，2007.

［30］李泽厚．美学论集［M］．上海：上海文艺出版社，1980.

［31］李泽厚．美学三书［M］．合肥：安徽文艺出版社，1999.

［32］曾繁仁．生态美学导论［M］．北京：商务印书馆，2010.

［33］雅克·拉康．语言维度中的精神分析［M］．马元龙，译．北京：东方出版社，2006.

［34］王诺．生态批评与生态思想［M］．北京：人民出版社，2013.

［35］佛克马，等．走向后现代主义［M］．北京：北京大学出版社，1991.